兰花病虫害诊治

实|用|手|册

张绍升◎编著

海峡出版发行集团 | 福建科学技术出版社
THE STRAITS PUBLISHING & DISTRIBUTING GROUP | FUJIAN SCIENCE & TECHNOLOGY PUBLISHING HOUSE

图书在版编目 (CIP) 数据

兰花病虫害诊治实用手册 / 张绍升编著 . —福州：
福建科学技术出版社，2018.2（2021.6重印）
ISBN 978-7-5335-5498-9

Ⅰ . ①兰… Ⅱ . ①张… Ⅲ . ①兰花 - 病虫害防治方法 -
图解 Ⅳ . ① S436.8-64

中国版本图书馆 CIP 数据核字（2017）第 294375 号

书　　名	兰花病虫害诊治实用手册	
编　　著	张绍升	
出版发行	海峡出版发行集团	
	福建科学技术出版社	
社　　址	福州市东水路76号（邮编350001）	
网　　址	www.fjstp.com	
经　　销	福建新华发行（集团）有限责任公司	
印　　刷	福州德安彩色印刷有限公司	
开　　本	700毫米×1000毫米　1/16	
印　　张	8.5	
图　　文	136码	
版　　次	2018年2月第1版	
印　　次	2021年6月第2次印刷	
书　　号	ISBN 978-7-5335-5498-9	
定　　价	58.00元	

书中如有印装质量问题，可直接向本社调换

前言

兰花花姿优雅，叶态婀娜，香气清幽，是我国传统的名贵观赏花卉。兰花在栽培过程中，会遭受多种病虫侵害，轻者降低其观赏价值和经济价值，重者导致毁灭性的破坏，特别是一些珍品稀品，一旦受害，其经济损失达数十万元，甚至数百万元。

兰花病虫害防治是兰花安全生产的重要环节。由于学术界对兰花病虫害诊断和防治缺乏系统研究，导致兰花栽培上对病虫害诊断混乱，盲目防治。为了给兰花爱好者及种植户提供兰花病虫害诊断和防治方面实用知识，作者整理了多年来对兰花病虫害诊断和防治的研究成果，并结合自身的专业知识和实践经验编写成《兰花病虫害诊治实用手册》。书中以图文并茂的形式介绍了兰花病虫害诊治的基础知识，兰花常见病害症状及其病原菌形态、害虫形态特征及为害状，病虫害发生规律和防治方法。其中，多种病虫害为兰花上的首次记述。书中对于症状相似的不同病害提供了辨诊方法，推荐使用高效、安全的农药。作者衷心希望本书对读者准确诊断和有效防治兰花病虫害有所帮助。

张绍升

于福建农林大学

目录

一、 兰花病虫害概述

（一）兰花病虫害的发生

兰花和其他生物一样，在其生长过程中会发生各种病害和虫害。

1.兰花病害

兰花在生长发育过程中受到生物因子或非生物因子的影响，使正常的新陈代谢过程受到干扰或破坏，其生理活动、细胞组织和形态结构相继发生变化，其结果降低了兰花的观赏价值和经济价值，称为病害。兰花病害分为侵染性病害和生理性病害。

（1）兰花侵染性病害（传染性病害）。侵染性病害的病因是生物因子，即病原物（病原生物之简称），主要有真菌、细菌、病毒和线虫等。真菌孢子与侵染位点接触后产生侵入丝，从寄主表面的伤口、自然孔口侵入，也可以直接侵入；细菌从寄主的伤口或自然孔口侵染；病毒粒体从微伤口侵染；线虫可以直接侵染或从伤口、自然孔口侵染。这些病原物侵入寄主细胞组织内并扩展繁殖，引起病害。病原物的个体都非常小，需要用显微镜才能看见。病原物侵染引起病害后大量繁殖后代，并进行再侵染，即具有传染性。真菌的孢子、菌丝和菌丝组织，细菌的细胞菌体，病毒粒体，线虫虫体或卵都是病害的传播体，可通过气流、水流、栽培介质、昆虫、带菌种苗等传播，导致病害扩散和大面积发生。例如兰花枯萎病（茎腐病）的病原真菌和兰花软腐病病原细菌就是通过植料（栽培基质）或种苗传播，侵害兰花根系和假鳞茎而引起根茎部病害。

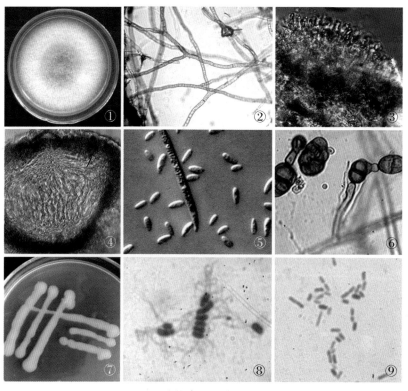

兰花病原物类型

①真菌菌落；②真菌菌丝；③分生孢子盘；④子囊壳；⑤镰刀菌大型和小型分生孢子；⑥链格孢分生孢子；⑦细菌菌落；⑧软腐细菌菌体（单细胞周生鞭毛）；⑨软腐细菌菌体（革兰染色）

（2）兰花生理性病害（非侵染性病害）。生理性病害的病因是非生物因子，主要指不利兰花生长发育的物理因子和化学因子，如低温、高温、强光、干旱、积水、营养缺乏、肥害、药害导致兰花生理紊乱、功能失调和形态异常。例如：强光引起兰花日灼，滥用农药引起兰花药害。由于非生物因子引起的病害不会传染，故也称为非侵染性病害。

2. 兰花虫害

兰花虫害是指由有害昆虫、害螨、植食性软体动物等害虫取食兰花茎、叶、花等器官，使兰花的细胞组织和形态结构遭受破坏，或通过吸食兰花植株体内的营养汁液，导致兰花植株营养不良或组织损伤。昆虫一生中经历卵、幼虫、蛹、成虫等虫态，以成虫和幼虫侵害兰花。成虫身体分为头、胸、腹三部分，有2对翅膀和3对足。为害兰花的昆虫主要有介壳虫、蓟马、蚜虫、叶甲、蛾类和蝗虫类。螨的身体分为颚体和卵圆形的躯体两部分、有4对足。为害兰花的螨为植食性螨，常见种类有叶螨和瘿螨。为害兰花的软体动物有蜗牛和蛞蝓，这些软体动物身体分头、足和内脏团3部分。蜗牛有贝壳1枚，蛞蝓的贝壳退化成石灰质盾板、身体裸露而柔软。

兰花的害虫种类

①蚜虫（有翅蚜）；②蚜虫（无翅蚜和各龄若虫、虫壳）；③蓟马；④叶甲；
⑤牡蛎蚧；⑥并盾蚧；⑦黄片盾蚧；⑧中华圆盾蚧；⑨红蜘蛛；⑩蜗牛；⑪蛞蝓

（二）影响兰花病虫害发生的主要因素

兰花病虫害的发生，是有害生物（病原物和害虫）与兰花植株在特定环境下相互作用的结果。兰花植物、有害生物、环境三方的相互作用组成了兰花病虫害系统。根据兰花的生长环境将兰花的病虫害系统分为自然病虫害系统和设施病虫害系统。自然病虫害系统中病虫害呈稳定低水平发生，设施病虫害系统中病虫害呈突发性高水平发生。

原生地生长的兰花处于自然病虫害系统。"芝兰生幽谷"，兰花的原生地为深林幽谷，荫蔽的森林为兰花生长提供了适宜的光照、湿润的环境、清新的空气、松软而富含营养的腐殖质。兰花在此生境下生长，与周围的生物和谐相处，避开了各类病虫为害。

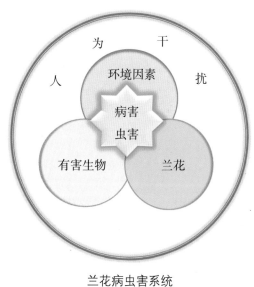

兰花病虫害系统

人工栽培的兰花处于设施病虫害系统，这个系统组分包括兰花植物、有害生物、环境条件和人为干扰。病虫害的流行和暴发与兰花植物、有害生物和环境条件有关，而这些要素都受着人类活动的影响。人工种植的兰花病虫害多发，其根本原因有以下三点。

1. 兰花生态环境不适

兰花原生于山谷疏林下和山涧岩边的荫蔽湿润之处，其性喜半阴、忌强光，喜凉爽、忌冷热，喜湿润、忌干燥，喜含腐殖质的土壤和空气清新的环境。设施栽培的环境中温度、光照、水分、空气、营养和土壤微生态等生态条件难以满足兰花健康生长的要求。

栽培设施中的气象因素（温度、光照、通气、湿度和水分等）对病虫害的发生影响很大。设施栽培过程中的气象因素都依赖人工调控，这些生态条件一旦失调，就会阻碍兰花的健康生长发育，诱发病虫害。设施栽培兰花时常年的温湿度等环境条件处于较稳定，兰花植株呈集约化栽培，病虫害发生和为害不受季节的限制；设施栽培环境相对封闭和狭小，病原物和害虫快速繁殖和高效累积，在短时间内迅速出现暴发和流行。

兰花种植采用人工配制的介质，介质的质地、通气、pH、矿物质和有机质含量等也影响兰花的正常生长。自然土壤中具有优良的微生态，含有丰富的有益菌群，菌根真菌、内生菌和益生菌等对兰花的生长有促进作用，

兰花设施栽培（陆明祥供图）

可提高兰花的抗逆能力（如抗干旱、抗冻害和抗病虫害等），有些微生物对病原物具有拮抗作用或寄生作用，可以抑制病原物的生长和繁殖或破坏和杀死病原物。人工栽培介质中的微生态失调，益生菌群缺乏，且容易携带某些病原菌，也是诱发病害的重要原因。同时，兰花种植时使用化学农药抑制了天敌生物的繁殖，对病原物和害虫施加的定向选择压力，加快了有害生物的变异和产生抗药性。

兰花林下种植

2. 兰花抗逆功能缺损

兰花生物学的一个重要特点是兰根为菌根。兰花原生地土壤中普遍存在与兰花根共生形成菌根的真菌，这类真菌俗称"兰菌"。菌根在兰花的生命活动中起着两种极其重要的作用：一是为兰花提供营养和帮助兰花抵御病原物的侵害。兰花在森林原生地以种子繁殖。兰花的种子微小、贮存的养料少，无法满足种子萌芽和成苗的需求。林地存在的共生真菌以菌丝穿透兰花种子的表皮，进入胚体细胞形成菌丝体，并不断消解释放出营养，满足胚芽及幼苗生长的需要。二是兰花肉质根肥大无根毛，从土壤里直接吸收营养物质的能力较弱，需要依靠侵入其体内的兰菌菌丝获取养分。兰菌的菌丝能分泌过氧化氢酶、蛋白酶、尿素酶等酶类，以分解纤维素、木质素、蛋白质、矿物质等不溶于水的有机物和无机盐，供其自身及共生体兰花生长所需的营养。兰菌还能合成和分泌生长素，促使兰花生根、发芽、开花。兰菌与兰根形成菌根，对外部病原菌构筑了物理屏障，同时分泌抗菌物质，以抵御病原物的侵害。

人工栽培的兰花通常采用分苗繁殖或组织培养。分苗繁殖的兰花在分苗、移栽、换土等过程中菌根受到严重破坏，造成大量伤口为病原物的侵入打开了门户和开辟了通道。此外，从带菌、带虫的兰花种株上分苗，也导致病虫害广泛传播。采用组织培养繁殖的兰花缺少菌根菌，兰根菌根菌的缺乏阻碍了根系对营养物质的吸收，并降低了兰株抵御各类病虫害的能力。

此外，兰花设施栽培时，往往是相同品种多年大面积种植，这样也容易引起兰花抗病抗虫品种的抗性丧失而成为感病品种。设施种植兰花时都是密集栽种，有利于病原物和害虫的传播和害源数量快速积累。

3.害源丰富，传播途径多样化

兰花从野生转为人工栽培，不仅在生态学和生物学方面发生了巨大变化，生长环境也完全改变，遇到的有些病虫害是新的种类。人工栽培环境中侵害兰花的病菌和害虫多数是从其他寄主作物上转移而来，这些病菌和害虫有广泛的寄主范围，兰花对这些新敌害基本上缺乏抵抗能力。兰花引种和种苗销售以及多种栽培措施，也加剧了病虫害发生和传播。

兰花三大类病害有不同的传播方式：第一类是根茎类病害，例如枯萎病（茎腐病）、白绢病、软腐病。这类病害的病原物有广泛寄主范围，以带菌土壤、植料和带菌苗传播，高温高湿有利病害发生。第二类病害是叶部病害，主要是真菌性病害，例如炭疽病。其病原菌有广泛的寄主范围，以气流、雨水和昆虫传播，高温高湿有利病害发生。第三类是病毒病，主要以带病苗和昆虫传播。兰花的害虫（如介壳虫、蚜虫、蓟马）都有广泛寄主植物，可以通过种苗和迁飞传播。

兰花病虫害的发生发展和暴发流行受到兰花品种的感病虫性及群体密集度、有害生物的侵染性及群体量、适宜病虫害发生的环境条件三方面的影响。目前人工栽培的兰花品种对病虫害缺乏抗性，又以群集方式种植，极容易满足病虫害暴发流行条件。设施栽培的环境条件和兰花多年生、群集种植方式，为病原物和害虫的繁殖提供了足够的营养和栖息条件。在兰花病虫害暴发流行的三个因素中，兰花（寄主植物）和环境条件都相对稳定，病原物和害虫的群体量、侵染性和繁殖力成为设施兰花病虫害发生和暴发流行的主导因素。例如：兰花枯萎病（茎腐病）和软腐病以带菌土壤、植料和带菌苗传播，如果植料带菌或从病盆、病株分苗，这两种病害就会大面积发生。兰花病毒病主要以带病苗和昆虫传播，如果种植未经脱毒的组培苗或从病株分苗种植，也会导致病毒病大发生。

二、兰花病虫害诊断

　　兰化病虫害诊断是根据受害兰花的症状、害源、环境条件调查和综合分析，从而对病虫害的性质与种类做出准确判断。正确的诊断是有效防治病虫害的前提，只有及时准确的诊断，才能对症防控。病虫害诊断的依据主要包括症状观察和害物鉴定两个方面，诊断的程序一般包括现场诊断和实验室诊断。

　　现场诊断是对兰花病虫害进行实地考察和分析诊断。调查记载病虫害发生程度、发生时期、寄主品种及其生育期，观察受害部位、症状（为害状）特点。现场诊断可以初步确定病虫害的类别。有经验的植保工作者经过细致的现场诊断一般就能得出正确的结论。对于较复杂或不常见的病虫害，还需要进一步做必要害源检测鉴定。

　　实验室诊断是现场诊断的补充或验证，重点是查清害源、查明病因。侵染性病害的实验室诊断包括病原物分离培养、光学显微镜和电子显微镜鉴定、致病性测定，还可以采用生理生化、免疫学和分子生物学等现代检测技术对病害做出快速准确的诊断。非侵染性病害的实验室诊断可进行模拟试验、化学分析、治疗试验和指示植物鉴定等。虫害的实验室诊断包括害虫饲养，采用解剖镜、显微镜和现代分子生物学方法对害虫种类进行准确鉴定。

　　以上诊断技术需要由精通业务的专业人员操作。生产上对兰花病虫害的诊断主要采用症状学诊断。兰花发生某种病虫害以后在内部和外部会显示受害表征。病害表征称症状，虫害表征称为害状。每一种病虫害都有其特定的表征类型，人们认识病虫害首先是从害源和表征的描述开始，选择最典型的特征来命名这种病虫害。病害通常以症状来命名，例如兰花枯萎病（茎腐病）、兰花炭疽病等。虫害通常以害虫的名称来命名，例如兰花蓟马、兰花蚜虫。从这些病虫害名称就可以知道病虫害类型。

（一）兰花侵染性病害诊断

兰花侵染性病害诊断的主要依据有传染特征、症状特征和病原特征。

1. 传染特征

侵染性病害有传染扩散的现象，在植株群体内具有发病中心，病害以初始病株为传染中心向周围植株扩展，发病植株由少到多；在同一病株发病部位由点到面，由局部向全株扩散。

兰花枯萎病（茎腐病）发病中心

2. 症状特征

兰花生长过程中可能遭到病原物的为害，当植株或某一器官感染了病原物，经过生理病变和组织病变，最后在形态上出现有别于正常植株的形态病变，这种形态病变表现的特征称为症状。每种兰花病害都有其特定的症状特征，这些特征就可以作为诊断病害的重要依据。病害症状包括病状和病征。

（1）病状。兰花病害常见病状大体上分五大类型，即变色、坏死、腐烂、萎蔫和畸形。

①变色。发病植株局部或全株色泽异常，多数表现为褪绿和黄化。若叶片中叶绿素含量下降，则导致褪绿；若叶片中缺乏叶绿素或叶绿素含量很低，则导致黄化。若叶片不均匀黄化，则形成花叶、斑驳、条纹、条斑等症状。花叶在兰花叶片上常表现为平行叶脉间细线状变色（条纹）和梭状长条斑（条斑）。若叶脉变色称为脉变色，主叶脉和次脉变半透明状，称为脉明。叶脉肿胀称为脉肿。兰花病毒病的病状以花叶、条纹和条斑为主。

②坏死。发病兰株局部或大片组织的细胞死亡。若叶片发生坏死，则常表现为叶斑和叶枯。叶斑通常是由于叶片局部细胞组织坏死而形成的，其形状、大小和颜色各有不同，但轮廓都比较清晰。叶斑常见的形状有圆形、椭圆形、梭形或条形；叶斑常见的颜色有黑色、褐色、灰色、白色、黄色等，分别称为黑斑、褐斑、灰斑、白斑、黄斑等。同一叶斑不同部位的颜色可能不同，由几层同心环组成，称为环斑或轮斑。叶枯指在较短时间内叶片出现大面积组织枯死，病斑轮廓不太明显。叶枯通常从叶尖或叶缘开始发生，并向叶片内扩展而形成，有时也会由于病斑密集且相互愈合而产生叶枯。兰花的细胞组织坏死主要是由病原菌分泌的毒素和酶类造成的。兰花叶斑病和叶枯病大多是真菌性病害。

③腐烂。腐烂是指植株组织较大面积的破坏、死亡和解体。兰花腐烂主要发生于假鳞茎、茎基部和根部。兰花组织腐烂主要由病原细菌引起。病原细菌分泌果胶酶引起细胞组织的果胶层和细胞壁消解，导致细胞死亡，病组织向外释放水分和其他内含物。兰花软腐病表现的病状就是腐烂。

④萎蔫。兰花植株失水凋萎，主要是由于根系和茎叶维管束坏死所致。

病原真菌和细菌均可引起兰花萎蔫，土壤干旱缺水也会导致萎蔫。但是土壤缺水萎蔫在供水后可以得到恢复，而病原菌造成的萎蔫一般不能恢复。不同病原物引起的萎蔫病发生的速度也有一定差别：细菌性萎蔫发生发展快，发病植株死亡也快，常表现为全株性青枯；而真菌性萎蔫发生相对缓慢，从发病到表现症状需要一段时间，通常是下部叶片先萎蔫枯黄，表现为枯萎病状。

⑤畸形。兰株受病原物侵染后，受害部位的细胞和组织过度增生增大

病状类型

①花叶；②矮化（左，右为正常株）；③矮化丛生；④腐烂（软腐病）；⑤腐烂（白绢病）；⑥枯萎；⑦坏死；⑧叶枯（纹枯）；⑨叶枯（叶尖枯死）；⑩斑点（褐斑）；⑪斑点（黄晕斑）；⑫斑点（黑斑）；⑬轮纹斑；⑭云纹斑

或生长分裂受抑制，导致全株或局部器官组织的形态异常，如矮化、矮缩、扭曲、卷叶等。畸形有多种病因，常见的是病毒和生理因素。畸形是由于病原直接参与或影响植物正常的激素调控程序的结果。

（2）病征。兰花植株发病后，病原物在病组织上形成的营养体、繁殖体或休眠体，这些菌体大量聚集在一起，形成具有一定特征并容易被肉眼观察到菌体机构，这些可作为病害诊断依据的病原物特征称为病征。真菌性病害的病征分为霉状物、粉状物、点状物、颗粒状物等，细菌性病害的病征为菌脓。病毒病在外部不出现病征，生理性病害没有病征。

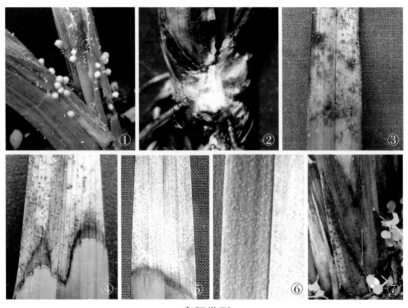

病征类型

①菌核；②菌丝体；③黑霉；④褐色小粒点（分生孢子器）；⑤黑色小粒点（分生孢子盘）；⑥藻斑；⑦菌脓

3.病原特征

侵染性病害是由病原物侵染所致的病害，大多数真菌病害和细菌病害在发病植株上会出现可供病害诊断的病状和病征，从发病部位可观察或分离到病原物。侵染性病害的确诊通常需要进行病原物常规检测和鉴定。

（1）真菌病害诊断。兰花真菌病害的病状主要有枯萎、斑点和焦枯，病部产生霉状物、点状物和粒状物等病征。经保湿培养后可以观察到病菌的菌体或菌丝组织。

（2）细菌病害诊断。兰花细菌病害的病状主要为腐烂和萎蔫，初期病部呈水渍状或油渍状，半透明，病斑上有菌脓外溢。

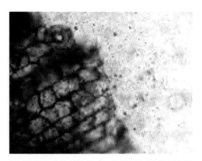

显微镜下细菌病害病组织喷菌现象

病组织的喷菌现象是细菌病害所特有的，因此可取新鲜病组织切片镜检有无喷菌现象来判断是否为细菌病害。

（3）病毒病害诊断。兰花病毒病的症状以花叶、矮缩、坏死为多见，无外部病征。撕取表皮镜检时有时可见有内含体。在电子显微镜下检查病组织细胞可以观察到病毒粒体和内含体。

（二）兰花生理性病害诊断

生理性病害没有传染扩散的现象，因此也称为非侵染性病害。生理性病害仅表现出病状，病组织上无病征，也分离不到病原物。生理性病害的病因是不良的物理或化学因素，也可能存在生理缺陷因素。

（1）气候因素。病害突然发生，发病时间短，与高温、低温、霜冻、强光等恶劣气候因素密切相关。兰圃遮阳网遮光度不够或顶部遮阳网破损导致阳光直射，遭阳光直射暴晒的叶面形成黄褐色斑块，称为日灼；高温条件下水分管理不当，导致干旱缺水而引起兰株萎蔫或焦枯；兰圃内兰花受干热气候影响，或兰花在运输过程中受车厢密闭高温的影响，导致叶尖和叶缘呈水渍状褪绿和变褐焦枯，称为热害；低温或霜冻导致叶尖、叶缘和叶片组织呈水渍状褪绿和变褐坏死，称为冻害；根部水分过多或积水，导致根部氧气不足引起烂根。

（2）化学因素。由于使用农药或化肥不当，致使兰株的叶片或嫩芽

生理性病害症状

①日灼（黄褐斑）；②热害（焦枯）；③冻害（变褐坏死）；④~⑥药害
（枯斑等）

出现枯斑、枯焦、灼伤、畸形等症状。使用农药不当所致病害称为药害，
使用化肥不当所致病害称为肥害。

（3）营养因素。由于栽培介质中缺乏兰花生长所需的某些营养元素，
导致兰株生长不良，称为缺素病。缺素症表现叶片褪绿、黄化、兰株矮小，
叶片出现斑点或枯焦。缺乏不同营养元素有不同症状。发病初期及时施用
相应营养元素后症状可以消除，兰株恢复正常生长。

（4）遗传因素。仅发生于某些兰株，如组织培养繁殖产生的突变株。
表现为生长不良、植株矮小和变色等系统性症状，多为遗传性障碍所致。

叶艺也是一种遗传变异，但是由于"艺"增加了兰叶的观赏价值而不被认为是病害。

生理性病害诊断时需要注意以下两点：一是生理性病害的病组织上可能存在非致病性的腐生物，要与侵染性病害的病征相区别；二是生理性病害可能诱发某种侵染性病害，例如日灼通常会引发炭疽病，热害或冷害造成的叶枯会诱发某些病原真菌侵染，而转为侵染性叶枯病。

（三）兰花虫害诊断

昆虫、螨类和软体动物等害虫对兰花造成的伤害称为虫害。虫害的诊断主要依据受害兰株上害虫虫体及其为害状（伤口、伤痕、蛀孔），受害部位留下的害虫残尸残壳、粪便及分泌物。

（1）有害昆虫。昆虫的成虫身体分为头、胸、腹三部分，有2对翅膀和3对足。侵害兰花的昆虫大多数为小型昆虫，主要有介壳虫、蚜虫和蓟马，介壳虫和蚜虫都是群集性为害的害虫。这些害虫以吸吮兰株花朵和叶片的液汁维生。介壳虫呈棕色或淡黄色，老熟虫不移动并藏匿于白色蜡质的遮蔽物（介壳）内，介壳虫为害容易诱发煤烟病。蚜虫通常在受害兰株上蜕皮而留下许多残壳，遭为害的叶、茎和花畸形并极容易发生煤烟病。

兰花虫害症状类型

①介壳虫害（褪绿斑和虫体）；②蓟马害（花朵畸形）；③叶甲害（花瓣破损）；④蝗虫害（叶片缺刻）

蚜虫也会传播病毒病。蓟马主要侵害幼芽和花朵，受害花朵扭曲畸形，甚至枯萎。叶甲、潜叶蛾、菜青虫、蝗虫等有时也为害兰花，啃食花、叶造成缺刻或蛀食叶肉形成隧道。

（2）害螨。螨的身体分为颚体和卵圆形的躯体两部分，有4对足。螨的虫体微小，以口针刺吸食叶片汁液，使被害部位失绿、变褐或焦枯。

（3）软体动物。蜗牛和蛞蝓为软体动物。蜗牛有贝壳1枚，蛞蝓的贝壳退化成石灰质盾板，身体裸露而柔软。蜗牛和蛞蝓食性较杂，以齿舌刮食叶茎，造成孔洞缺刻。

三、兰花病虫害防治

（一）防治策略与技术

兰花病虫害防治应遵循"生态防治是基础，控制害源是关键，科学用药是保障"的原则。

1. 生态防治

优化兰花生态环境，使光、温、水、气、肥协调，培育健壮的兰花植株，特别是培植健康的根系，可提高兰花自身的抗病虫害能力。

（1）光照调控。兰花喜半阳，需要适度的光照，宜采用散射光培植。适宜的光照强度对兰花生长和病虫害预防很重要。光照过弱（光照强度不够或光照时间太短），则植株长势弱，叶色淡，徒长，抗病力差；光照过强，尤其是强烈阳光直射，则抑制生长，导致灼伤，诱发次生病菌的侵染。适度的光照能增加叶片叶绿素含量，增强光合作用，有利于营养物质积累，提高植株抗病能力。

光照过强对兰花造成日灼

适度光照有利兰花生长

冬季和早春需要足够的光照、温度和湿度，促进生根、发芽和开花。夏秋季节要采用遮阳措施，保持适宜的荫蔽度，忌阳光直射，预防日灼和晒伤。

（2）温度调控。兰花喜凉忌热畏寒，生长适宜温度18~28℃，生殖生长期适宜温度5~18℃。管理方面应以"冬暖夏凉、春秋自然"为原则，调节兰花生长环境的温度。冬季注意保暖防冻，冻害造成根烂叶枯，易诱发其他多种侵染性病害；夏季要注意降温防晒，高温易造成失水、灼伤和生长受阻，也会诱发枯萎病（茎腐病）和炭疽病等多种病害。

（3）水分调控。兰花喜湿润环境，水可养根也可败根。兰根为肉质

冬季低温，兰叶遭冻害（郑为信供图）

根，自身有一定保水能力。水分管理要根据不同季节和兰花不同生育期而灵活掌握。春季空气相对湿度较高，只要注意保持植料的湿润状态即可；夏季和秋季气温高、空气湿度低，水分蒸发快，因此要适度增加浇水次数；冬季兰根处于休眠期，要控制浇水，水多易烂根。

浇水适度，兰根健壮，是预防病虫害的根本

新分株的兰花伤口经过消毒后，要在干燥条件下晾一段时间，伤口干化或形成愈伤组织后才能浇水。兰花整个生长期都要避免积水，过多水分导致根系通气不良，影响兰花根系健康生长。培育兰花健康根系，对提高兰花的抗病虫能力十分重要。"根壮株才旺，根败百病生。"如果根系生长不良，易诱发叶枯病、炭疽病等叶部病害，也会诱发由真菌引起的枯萎病（茎腐病）、疫病、根腐病、基腐病，以及由细菌引起的软腐病。

（4）空气调控。良好的通风透气条件对预防兰花病虫害具有重要作用。通风透气包括3个层次。

①兰盆与植料。通气和易排水的兰盆以及疏松透气的植料，有利于保持适宜的水分和透气条件，预防积水，促进根

疏松透气的植料，有利于提高兰株抗病能力（郑为信供图）

系和植株的旺盛生长，提高兰株抗病能力。

②兰株密植度。摆放兰盆时要求兰盆之间保持适当的间隔距离，有利于保持良好的通风透气透光条件，促进兰花植株健壮生长；兰株过度密植，植株生长弱；叶片相互交错和摩擦，有利于病虫害的传播。

③养兰场所。兰花喜好清新和湿润的空气。兰圃宜建于无空气污染的山下或溪旁，空气相对湿度维持在60%~80%。兰圃或兰室必须保持良好的通气条件，有利于调节栽培环境的温度和湿度，这对控制病菌、害虫的滋生危害极其重要。封闭和潮湿的环境有利于病菌和害虫滋生，导致各种病虫害暴发。

（5）营养调控。均衡营养对兰花的品质有重要影响，与抗病性有紧密关系。做好营养调控工作必须从以下3方面入手。

①优良植料。选用疏松透气的营养植料。人工配制的植料最好以腐殖质为主配以其他成分，制成疏松、通气、透水的培养土。

②科学施肥。兰花施肥的原则是"均衡营养，忌偏氮肥；薄肥勤施，忌施浓肥；适温补给，忌高低温"，合理选用各种兰花专用肥料。注重氮、磷、钾的合理搭配，适当补充钙、镁、硫、铜、锰、铝、硼、锌等中量及微量元素。适当采用叶面施肥。施肥时要用洁净水稀释肥料。

③巧用菌肥。增施兰花菌根菌肥（兰菌）和益生菌肥。施用兰菌可以培殖兰花菌根，增强兰根吸收营养的功能；益生菌肥促进营养物质转化吸收，抑制病原物，提高兰花的抗病性。

微生物菌肥可以促进兰花生长，提高抗病虫能力

2. 控制害源

兰花病虫害可以通过多种方式传播。病原菌可以在罹病植株、病株病叶等残体、植料中存活，通过种苗、植料、栽培工具、流水、空气、媒介昆虫及人工操作等途径传播。害虫可在受害植株残体和花圃周围杂草和其他宿主上生存，可以主动迁移扩散。因此，必须清理病虫害的生存场所，切断传播途径，阻截病菌、害虫来源，做好"环境净化、植料净化、器具净化、种苗净化"工作，实现兰花洁净栽培。

（1）环境净化。保持环境干净，彻底清除栽培场所内病株残体，对减少病菌侵染源有重要作用。对于害虫而言，清除栽培环境中的杂草和其他宿主植物。有条件的兰圃，要搞好种植场所的防虫防菌隔离设施。

整洁的兰圃，可减少侵染菌源

（2）植料净化。彻底清除发生过病害或虫害的植料；种植新苗时要使用新植料，不重复使用已栽培过的植料。植料使用之前要经过阳光暴晒。

（3）器具净化。种植兰花尽量使用新的兰盆。如重复使用兰盆，应予以消毒处理，可以先用清水将兰盆洗干净，再用 0.1%~0.2% 三氯异氰尿酸溶液浸泡消毒 10 分钟，晾干后使用。

（4）种苗净化。一要选择健壮兰苗，不种病苗、弱苗。对兰花种苗的选择要"观根察叶看株型"。健康的种苗应该符合以下标准：根系完整健壮，无伤根或少伤根，根色鲜白不发黑，无烂根或空根；假鳞茎较饱满，植株健壮；叶色鲜绿具光泽，叶面干净，无病斑无虫体无污物。二要注意避免病菌、害虫通过种苗传入和扩散危害，新引进的兰苗必须采取消毒杀菌和灭虫措施，切断传播来源。三要细心分株和移栽，减少伤害，杜绝感染。分株后要及时用 1.6% 噻霉酮涂抹剂（或其他杀菌剂）涂抹切口，防止病菌感染。建议不采用药液浸根，以免伤害菌根或抑制菌根形成；确有必要使用药液浸根消毒时，要筛选不会伤害菌根真菌的消毒剂。种植时要浅植并保持根系舒展，一两天内不浇水，以促进伤口愈合。

3.科学用药

（1）对症用药，一药多治。要精准防治病虫害，必须做到两点：一是能准确识别和诊断病虫害，二是对农药特性有较全面的了解。

①对症下药。各种农药都有适用防治对象，防治病虫害时须正确选择。例如：防治兰花真菌病害的药剂就不适合防治细菌病害；不同真菌的病害也有不同的药剂，防治疫病的药剂对锈病的防治效果差。因此，防治兰花病虫害时应根据不同的病虫害选用不同药剂，做到对症下药、精准防治。目前，市场上兰花专用农药很少，兰花上使用的农药多来源于果、菜、茶等作物上的农药。因此，建议在防治病虫害前，进行药剂筛选和药效测定，确保精准、高效用药。

例如：为了选择对兰花炭疽病和枯萎病（茎腐病）病原菌有明显防治效果的药剂，作者选用 50% 咪鲜胺锰盐可湿性粉剂、25% 咪鲜·多菌灵可湿性粉剂、250 克/升吡唑醚菌酯乳油、70% 甲基硫菌灵可湿性粉剂、99% 噁霉灵原粉、240 克/升噻呋酰胺悬浮剂、50% 啶酰菌胺水分散剂、兰花茎腐病专用防治剂、2% 春雷霉素水剂等 9 种药剂，以兰花炭疽病病原菌和兰花枯萎病病原菌为靶标菌，采用培养基平板进行抑菌筛选试验（在长满病原菌菌落的培养皿中央，施用不同杀菌剂，因其杀菌效果不同，而在菌落中央形成大小不同的无菌圈）。测定结果：50% 咪鲜胺锰盐可湿性粉剂、25% 咪鲜·多菌灵可湿性粉剂对兰花炭疽病病原菌有明显抑制效果；25% 咪鲜·多菌灵可湿性粉剂和兰花茎腐病专用防治剂对兰花枯萎病（茎腐病）病原菌有明显抑菌效果，50% 咪鲜胺锰盐可湿性粉剂也有较好的抑菌作用；250 克／升吡唑醚菌酯乳油对兰花枯萎病（茎腐病）病原菌和炭疽病病原菌有微弱的抑菌作用；兰花茎腐病专用防治剂对兰花枯萎病（茎腐病）病原菌有抑菌作用，但对炭疽病病原菌无效；另 5 种药剂对两种病原菌都没有抑制效果。

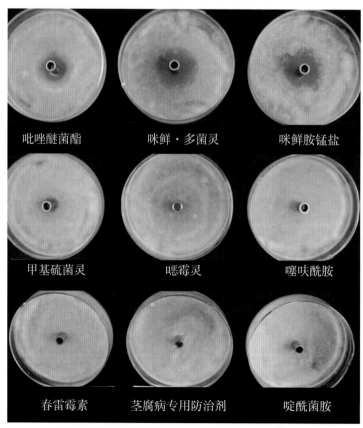

用抑菌圈法测定几种杀菌剂对兰花炭疽病的抑制效果

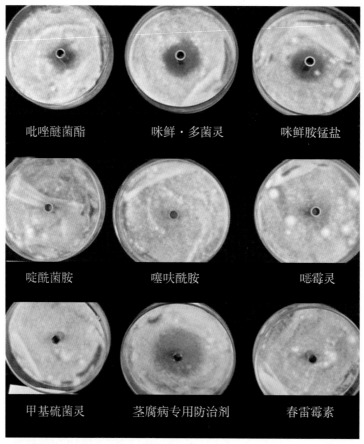

吡唑醚菌酯　　　咪鲜·多菌灵　　　咪鲜胺锰盐

啶酰菌胺　　　噻呋酰胺　　　噁霉灵

甲基硫菌灵　　　茎腐病专用防治剂　　　春雷霉素

用抑菌圈法测定几种杀菌剂对兰花枯萎病（茎腐病）的抑制效果

兰花常用农药及剂型、防治对象见下表。

兰花常用农药及剂型、防治对象

	农药名称	剂型	防治对象（功用）
杀菌剂	噻霉酮	3%微乳剂；1.5%水乳剂；1.6%涂抹剂	炭疽病、枯萎病（茎腐病）、叶枯病、叶斑病；涂抹剂用于分株伤口保护
	苯醚甲环唑	10%水分散粒剂；25%乳油	枯萎病（茎腐病）、叶枯病、叶斑病、菌核病
	苯甲丙环唑	30%乳油	枯萎病（茎腐病）、叶枯病、叶斑病、菌核病
	丙环唑	2.5%乳油	炭疽病、锈病、叶斑病、菌核病

	农药名称	剂型	防治对象（功用）
杀菌剂	菌核净	40%可湿性粉剂	菌核病、纹枯病
	异菌脲	50%可湿性粉剂	菌核病、纹枯病、叶枯病、叶斑病
	咪鲜胺	25%乳油；45%水乳剂	炭疽病、叶斑病、枯萎病（茎腐病）
	咪鲜胺锰盐	50%、60%可湿性粉剂	炭疽病、叶斑病、枯萎病（茎腐病）
	咪鲜·多菌灵	25%、50%可湿性粉剂	炭疽病、叶斑病、枯萎病（茎腐病）
	代森锰锌	43%、70%、80%可湿性粉剂	炭疽病、叶枯病、叶斑病、疫病
	多菌灵	25%可湿性粉剂；40%胶悬剂；40%可湿性超微粉剂	枯萎病（茎腐病）、叶枯病、叶斑病
	吡唑醚菌酯	250克/升乳油	炭疽病、叶斑病、枯萎病（茎腐病）
	氰烯菌酯	25%悬浮剂	枯萎病（茎腐病）、炭疽病等真菌病害
	烯酰吗啉	50%可湿性粉剂；50%水分散粒剂	疫病、霜霉病、腐霉病
	三唑酮	20%乳油；25%可湿性粉剂	锈病、白粉病
	农用硫酸链霉素	72%可溶性粉剂	细菌病害
	噻菌铜	20%悬浮剂	对细菌病害特效，对真菌病害也有效
	氨基寡聚糖	0.5%、2%水剂	真菌、病毒、细菌病害，对害虫有杀虫和趋避作用，能提高作物抗逆性促进作物生长，诱发植物抗病毒能力
病毒抑制剂	宁南霉素	8%水剂	病毒病、真菌、细菌病害
	苷·醇·硫酸铜	1.45%可湿性粉剂	病毒病
	盐酸吗啉胍铜	25%可湿性粉剂	病毒病
	氮苷·吗啉胍	31%可溶性粉剂	病毒病
	烷醇·硫酸铜	1.5%乳剂	病毒病
	葡聚烯糖	0.5%可湿性粉剂	病毒病（新型生物诱抗性杀病毒剂）

续表

	农药名称	剂型	防治对象（功用）
消毒剂	二氧化氯	10%、25%、48%、50%粉剂	可杀灭细菌、真菌等多种微生物，有除藻防腐功效，可用于养兰用品、用具、环境的消毒
	三氯异氰尿酸	98.5%粉剂	可杀灭细菌、真菌等多种微生物，有除藻防腐功效，可用于养兰用品、用具、环境的消毒
	乙醇		用于兰花分株时的工具消毒
	高锰酸钾		养兰用品、用具、环境的消毒
杀虫杀螨杀螺剂	阿维菌素	1.8%乳油，3%可湿性粉剂，10%水分散剂	蚜虫、潜蝇、螨类
	唑虫酰胺	15%乳油	蓟马、叶蝉、飞虱、蚜虫、螨类
	吡虫啉	10%乳油；25%粉剂	蚜虫、粉虱、蓟马
	啶虫脒	5%可湿性粉剂	蚜虫、粉虱、蓟马
	毒死蜱	30%微乳剂；40.7%乳油	蚜虫、粉虱、蓟马
	噻虫嗪	25%乳油	蚜虫、粉虱、蓟马、介壳虫、跳甲
	丁硫克百威	20%乳油	蚜虫、红蜘蛛、蓟马、线虫
	杀扑磷	40%乳油	介壳虫、蚜虫、粉虱
	噻螨酮	5%乳油；5%可湿性粉剂	红蜘蛛等螨类
	乙螨唑	11%悬浮剂	各种螨类，对卵效果佳
	四聚乙醛	6%颗粒剂	蜗牛、蛞蝓
	杀螺胺乙醇胺盐	50%可湿性粉剂	蜗牛、蛞蝓

②一药多治。根据防治对象不同，农药可以分为两类，即广谱性农药和选择性农药。广谱性农药在主治某种主要病虫害的同时，可兼治其他次要的病虫害，而选择性农药则仅对某种病虫害有特效。兰花多种病虫害发生时期相同，如梅雨季节多发炭疽病等真菌病害，因此可根据病虫害发生

情况，选用对症的广谱性农药，以做到一药多治，减少用药量和用药次数。例如：据上述药物筛选试验结果可知，咪鲜胺类农药可以同时防治炭疽病、枯萎病（茎腐病）和多种真菌性叶枯病、叶斑病；噻霉酮可以防治多种真菌病害和细菌病害；氨基寡聚糖和宁南霉素可以防治病毒、真菌和细菌病害；噻虫嗪可以防治蚜虫、粉虱、蓟马、介壳虫、跳甲等多种害虫。

（2）适时施药，防控结合。兰花病虫害控制重在预防和早期防治。

①预防为主。"健康栽培、清除害源、害前保护"是预防病虫害的三条重要原则。"健康栽培"就是恰当利用光照、温度、水分、通气、营养等生态条件，培育健康兰株。"清除害源"就是要清理兰花病菌、害虫的生存场所，杜绝侵染来源。"害前保护"就是针对常年病虫害发生期和特定感病虫的兰花品种，在病虫害发生之前施药，保护兰花。

②早治控害。病原菌引起病害有"传播—侵入—潜育—发病"的过程，在发病部位病原菌产生新的传播体进行扩散和传染，因此，病原菌经多代繁殖后种群量越来越大，兰圃中兰花病害呈现从少到多、从点到面的传染过程。蓟马、介壳虫等害虫也有"发育—繁殖—扩散"的过程，害虫数量从少到多，受害兰花也从个别到大部分。因此，对兰花病虫害药剂防治要"治早"，平时加强病虫害检查，在病虫害发生初期施药，控制病虫害的扩散和蔓延。

（3）安全用药，避害增效。既最大限度发挥农药的防治效果，又避免对兰株的伤害，这也是科学用药的重要内容。

①安全喷药时间。避免在高温和强光时段施药。夏天宜在上午或傍晚施药，以免产生药害。

②安全选用农药。购买农药时要注意农药包装袋上标注的通用名称和有效化学成分。通常同一种化学成分的农药有多种商品名称，有不同的剂型和产品。例如：丁硫克百威（通用名），商品名有好年冬、绝杀、适末丹、丁硫威、丁呋丹、好安威、好百年等。又如：咪鲜胺锰盐（通用名），商品名有施保功、扑克拉锰（台湾叫法）等。农药通用名称是农药产品中起作用

的有效成分名称。根据农药通用名选用农药可以避免重复使用相同化学成分的农药。

③安全施用农药。安全施用农药要坚持"四要"原则。一要按方用药：严格按农药使用说明书的用药量、药剂浓度和施药方法使用农药。二要禁止随意混配和混用农

农药包装袋上的标注含义

药：多种不同成分的杀虫剂、杀菌剂混配可能有一定好处，有的可增强药效，但有些农药不能混配（见使用说明书），尤其酸性和碱性农药混配，可能降低药效，甚至产生药害；化学成分相同的多种农药混配混用，增加了农药使用浓度，极易产生药害，同时造成浪费。三要农药轮换使用：防治同类病虫害时选择两种以上有相同防治效果而具有不同化学成分的农药轮换使用，避免病菌、害虫因施用单一农药而产生抗药性。四要根据病虫害发生期适时施药：各种病虫害都有一定的发生期，兰花有感病的生育期，农药有一定的残效期，通常在病虫害发生期前或发生初期施药1次，此后间隔7~10天再施一两次就可以完全控制病虫害。

（二）家养兰花病虫害简易防治技术

家庭养少量兰花时，病虫害的防治可采用简易技术。

1. 家养兰花病虫害防治原则

家养兰花病虫害防治要掌握"种""养""保""治"4个原则。

（1）种。确保种植质量。兰盆要求大小合适、排水保湿性好；兰苗健壮，根白无伤；植料有营养，松软透气；浅栽轻种不伤根，根系舒展。

（2）养。以壮根护叶为目标，重点搞好光照和水分的协调管理，应做到"夏秋避阳防晒伤，春冬保暖晒阳光，植料只须保湿润，积水闷气根腐烂"。家养兰花，宜将兰花放于朝南阳台、窗台或庭院。春冬季节让它多晒阳光，气温过低时可将兰花搬到室内保暖防冻；夏秋季节不让兰花直接在阳光下暴晒，以免叶片被阳光灼伤。兰花的植料要尽可能保持湿润，不能太湿，也不能太干。判断兰花浇水时间很重要。判断植料是否缺水，可扒开盆面植料2~3厘米深观察，如果此处的植料干了就要浇水。浇水时要一次性全盆浇透，然后等植料快干时再浇。过于勤快浇水会引起烂根。

（3）保。注重兰花日常保健，适当施用植物保健免疫剂，免除病虫危害。目前使用的保健免疫剂有壳寡糖、免疫蛋白、益生菌等三类产品。壳寡糖植物疫苗是一种生物农药，原材料为虾壳蟹壳等海洋生物资源，采用特殊的生物工程技术制成。壳寡糖能促进植物生长，广泛抑制害菌，优化作物微生态，激活植物体内分子免疫系统，提高植物抗病虫能力。

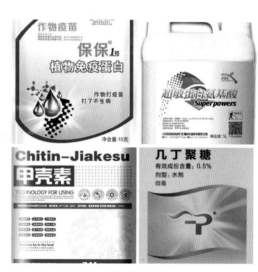

植物免疫剂

（4）治。兰花发生少量病虫害时，可采用人工捕杀和刮疗法。如需使用农药，尽量选用取材方便和无毒无害的植物源农药和矿物农药。

2.常用无公害防治物质

（1）茶麸及茶皂素产品。茶麸，也称茶枯、茶籽饼，是茶籽榨油后剩下的渣料，农民常用来洗涤衣服。茶麸中含有皂素和糖苷，水浸出液呈碱性，对害虫有很好的胃毒和触杀作用，可用于防治兰花害虫。茶皂素可制成保健品和美容化妆品，以及洗涤剂、沐浴液、洗发液等卫生用品。洗涤剂产品也可用于防治害虫。

茶麸的使用方法是：将茶麸捣碎成粉末状，按 1 ∶ 5 的比例加入开水，浸泡 24 小时后过滤。用茶麸过滤液喷洒兰株，可防治蚜虫和红蜘蛛；用其淋浇兰盆及栽培场所，可防治蜗牛和蛞蝓。

茶麸及茶皂素产品

茶皂素洗涤剂的使用方法是：用温水稀释 400~600 倍，然后用稀释液喷洒兰株。它可杀灭蚜虫、粉虱、红蜘蛛、介壳虫，也可清除叶片上的一些病原菌。害虫死亡后必须用清水将兰叶冲洗干净。

（2）大蒜及大蒜素产品。大蒜含有天然的抗菌物质——大蒜素。大蒜素具有广谱抗菌作用，能抑制和杀灭多种致病细菌、真菌及害虫等，广泛用于医药、兽药、水产和农业。用于植物病虫害防治，有杀虫、灭菌、促进植物生长的作用。

大蒜的使用方法是：将大蒜鳞茎捣碎后，加入 10 倍水，搅拌浸渍后

大蒜及大蒜素产品

过滤，并挤干汁液，再将汁液稀释20~30倍后立即喷洒兰株。大蒜汁液可防治蚜虫、红蜘蛛、介壳虫等害虫，以及炭疽病、白粉病、灰霉病等病害。

（3）烟叶及烟碱产品。烟草所含的杀虫有效成分是烟碱。烟草有很多品种，普通烟草含烟碱3%左右，黄花烟草含烟碱可达10%~15%。烟碱对害虫具有强烈的触杀和胃毒作用，可防治害虫。

烟叶及烟碱产品

烟叶的使用方法是：按烟叶∶生石灰∶水=1∶1∶50的比例配制。做法是：先将烟叶研磨成粉末，并将生石灰溶解于水中制成石灰乳，再将烟叶粉末加入石灰乳中搅拌均匀，浸泡24小时后过滤。用滤液喷洒兰株，可防治蚜虫和蓟马。

（4）食醋及醋酸产品。食醋的主要成分是醋酸，还含有丰富的钙、氨基酸、B族维生素等。醋具有广泛抑菌谱，对病虫害有一定防治作用。

食醋的使用方法是：将食醋用清水稀释150~200倍液，然后用醋稀释液均匀地喷洒兰叶正背面。食醋稀释液可治介壳虫、黑斑病、白粉病、叶斑病，还能增加兰株营养，清除叶片灰尘污垢，促进兰株生长，增强叶片光泽度。

（5）柴油及柴油乳剂。矿物油的主要成分是烷烃或环烷烃类化合物，配制成的矿物油乳剂可以防治介壳虫、蚜虫、红蜘蛛等害虫。矿物油的杀虫机理主要是触杀，油类可以溶解昆虫分泌的蜡质层，烷烃类化合物通过昆虫体壁渗入细胞组织，与细胞质起反应，导致昆虫中毒死亡；矿物油还可以在虫体表面形成油膜堵塞气孔，导致昆虫窒息死亡。

柴油的使用方法是：按柴油∶肥皂∶水=50∶3∶30的比例配制成柴油乳剂。先将肥皂切碎，放入装有一定量水的铁桶内，加热至肥皂完全溶化；将柴油装一容器内，将容器放入水浴锅中加热至60℃，然后将柴油缓慢注入热肥皂水中，边注入边搅拌，即成乳剂母液。将母液用清水稀释25~30倍，喷施于兰叶正面和背面。柴油乳剂可防治介壳虫、蚜虫、红蜘蛛等害虫。使用时要注意以下事项：柴油加热时一定要用水浴锅，以免着火；柴油乳剂母液冷却后凝成膏状，稀释时要先加热融化后再加入冷水；观察是否发生药害，如有药害应适当减少柴油用量。

四、兰花基部病害

　　兰花基部病害是指发生于兰花植株基部，包括假鳞茎、叶片基部及叶鞘的病害，主要有枯萎病（茎腐病）、基腐病、白绢病、纹枯病、叶基黑腐病、软腐病。其中，软腐病病原菌为细菌，其余病害病原菌为真菌。枯萎病（茎腐病）和基腐病都是由镰刀菌引起的病害，枯萎病（茎腐病）表现为假鳞茎维管束坏死、褐变；基腐病病株基部腐烂，假鳞茎不变褐。白绢病和纹枯病都是菌核类病害，白绢病在植株茎基部发病，受害部位覆白色绢状菌丝层和褐色球形小菌核；纹枯病发生于叶片基部及叶鞘，引起叶片和植株枯死，有时在病部产生黑色菌核。叶基黑腐病在叶片基部及叶鞘上形成黑色斑块，引起叶片基部及叶鞘腐烂。软腐病病株或病芽基部呈水渍状腐烂，发臭。兰花基部病害辨别诊断方法见下图。

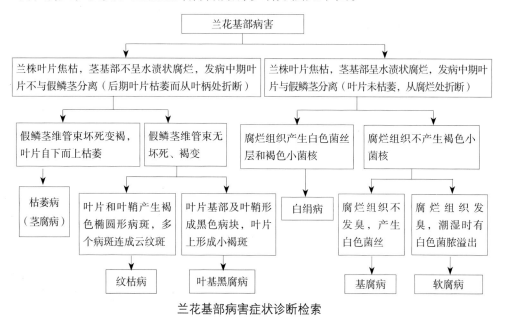

兰花基部病害症状诊断检索

（一）枯萎病（茎腐病）

症状

发病初期叶片扭曲，叶色暗淡，呈失水状；叶片从叶尖开始变黄焦枯，向下扩展，以致全叶枯死；病原菌从假鳞茎和根连接处侵入，假鳞茎先从根盘处变褐，褐变部位逐渐向上扩展，以致整个假鳞茎变褐坏死；全株叶片由下而上逐渐枯黄，最后整株枯萎死亡。病株假鳞茎内部维管束变褐坏死，湿度大时病部表面常生白色或粉红色霉层。

枯萎病发病期为兰花展叶期至成株期，最重要诊断特征是假鳞茎外部变褐色至黑色，内部组织及其维管束变褐坏死。切开发病的假鳞茎，于24~28℃保湿培养，24小时后观察在切面变褐组织上有白色霉层，这是病原菌的菌丝和孢子。

枯萎病兰圃症状

枯萎病前期（假鳞茎基部变褐）

枯萎病前期（假鳞茎基部变褐）

枯萎病前期（假鳞茎根盘部变褐）

枯萎病前期（假鳞茎根盘剖面基部变褐）

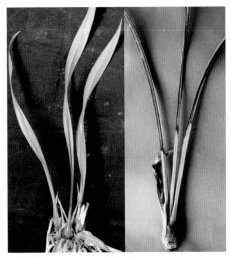

枯萎病中后期（叶片枯萎）　　枯萎病中后期（假鳞茎变褐，叶片枯萎）

枯萎病后期（假鳞茎完全变褐）　　枯萎病后期（假鳞茎剖面完全变褐）

病原

病原菌为尖镰孢（*Fusarium oxysporum*）。在马铃薯蔗糖培养基上，其气生菌呈丝绒状，白色至粉红色。小型分生孢子数量多，卵圆形，假头状着生在产孢细胞上。大型分生孢子镰刀形，3~5个隔膜，基胞足跟明显。产孢细胞短，单瓶梗，在菌丝上分散生长。

尖镰孢菌落

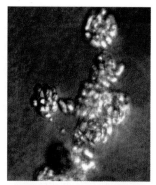
尖镰孢小型分生孢子着生状

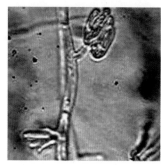
尖镰孢菌丝与分生孢子着生状

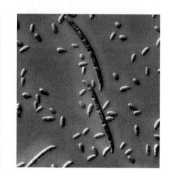
尖镰孢大型和小型分生孢子

发病规律

病原菌在病株、病株残体和植料中存活，可以通过植料、带菌种苗传播，从根茎部和叶片基部组织的自然孔口和伤口侵染。采用旧的植料或从病盆上分株的苗都会发病。根系生长不良、植株衰弱，浇水过多和植料积水，高温高湿等因素均有利发病。

防治方法

（1）清除病原。及时清除病株残体，集中处理或烧毁；严格禁止从发病兰丛和发病盆中的任何兰花植株上分株；严禁使用病盆内的植料，新植料使用前最好经暴晒2~3天。

（2）健康栽培。选择健康植株进行分株繁殖，分株后用消毒剂（1.6%噻霉酮涂抹剂）涂抹切口；选择根系健壮、无坏根烂根的分株苗上盆。选用新的优良植料，加强日常管理，特别要做好水分调控，培植健壮根系。兰盆之间保持适当间隔距离，有利通气透光，能防止兰株之间的接触传染和浇灌时经水滴传染。施用枯草芽胞杆菌菌肥或农用益生菌肥，促进根系健康，可预防病害发生。

（3）药剂防治。药剂防治方法有药剂保护和药剂治疗。

①药剂保护。兰圃中有个别兰株发病时要及时移走病盆，清除发病中心，与病盆相邻的健康兰花选用50%咪鲜·多菌灵1000倍液、10%苯醚甲环唑水分散粒剂2000倍液、50%多菌灵可湿性粉剂1000~1500倍液喷施，也可选用50%咪鲜胺锰盐可湿性粉剂1000~1500倍液、250克/升吡唑醚菌酯乳油1000倍液喷施，特别注意要喷施于假鳞茎，及时保护，防止传染。经抑菌圈法测定，以上3种药剂对炭疽病也有防治效果。

②药剂治疗。病盆中个别植株发病，应扣盆取出兰花，将病株和健康植株分离（病株边上外观健康的苗多弃去一两苗）；病株连同植料全部烧毁或深埋，健康苗的假鳞茎和根系用上述杀菌剂浸泡20~30分钟，然后晾干药液，用新植料重新上盆，隔离种植。

（二）基腐病

症状

先从叶片基部及叶鞘产生腐烂，腐烂组织向上扩展，以致叶片完全枯萎。兰花植株外层叶片先发病，而后由外至内扩展导致心叶腐烂，整株枯死。腐烂部位呈水渍状，湿度大时其上着生白色霉层，用手轻拉叶片易从叶基部脱落。纵剖假鳞茎内部组织无褐变。

兰花基腐病发病期为兰花叶片展叶期，病原菌从新叶及叶鞘基部幼嫩组织侵染，引起腐烂。该病与枯萎病的主要区别：基腐病植株基部腐烂，假鳞茎无褐变，叶片基部及叶鞘先腐烂并自下而上扩展；枯萎病假鳞茎组织褐变坏死，叶片从叶尖开始焦枯并自上而向下扩展。

基腐病病株基部腐烂

基腐病病株腐烂部有霉状物

基腐病病叶基部及叶鞘腐烂

基腐病病叶易脱落

基腐病病株假鳞茎无褐变

病原

病原菌为茄病镰孢（*Fusarium solani*）。在马铃薯蔗糖培养基上，其气生菌丝绒状，白色至粉红色。小型分生孢子卵圆形，假头状着生在产孢细胞上；大型分生孢子不等边纺锤形，顶部细胞较细尖，基部细胞宽圆，2~3个隔膜。

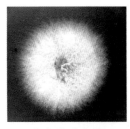 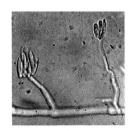 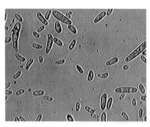

茄病镰孢菌落　　　茄病镰孢分生孢子着　　茄病镰孢大型和小型分生
　　　　　　　　　生状　　　　　　　　孢子

发病规律

病原菌存活于病株病株残体和植料，通过植料、浇灌水、气流，以及操作传播。茎基部叶鞘组织遭虫害或机械损伤有利病原菌侵染，植株衰弱、浇水过多和植料积水均有利于病害发生。

防治方法

（1）清除病原。兰圃中有个别兰盆或兰株发病时要及时移走病盆，作隔离处理；及时清除病株残体，集中处理或烧毁；严格禁止从发病盆中的任何兰花植株上分株；严禁使用病盆内的植料，新植料使用前最好经暴晒2~3天。

（2）药剂防治。与病盆相邻的健康兰花要及时选用50%咪鲜胺锰盐可湿性粉剂1000~1500倍液、10%苯醚甲环唑水分散粒剂2000倍液、50%多菌灵可湿性粉剂1000~1500倍液喷施保护。发病兰丛应切去病株（多切一两苗与病株相邻的外观健康的苗），余下的健康苗按枯萎病（茎腐病）药剂治疗方法处理。

（三）白绢病

症状

病害发生在兰花叶片展叶期至成株期。病害从接近植料表面的兰株茎基部发生，叶片基部、叶鞘及相连的假鳞茎上部呈黄色至褐色水渍状腐烂，叶片脱落，植株猝倒。发病后期腐烂部覆白色绢状菌丝层，上生褐色球形小菌核。植料表层也形成白色菌丝和小菌核。

白绢病病株症状

白绢病病株基部的菌丝和菌核

白绢病病原菌菌核

病原

病原菌为齐整小核菌（*Sclerotium rolfsii*）。菌丝白色绢丝状；菌核小、球形，初为白色，后转为褐色。

 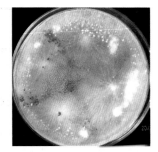

齐整小核菌菌丝　　培养基上齐整小核菌菌丝和菌核

发病规律

病原菌在病株、病株残体和植料中存活，通过植料传播，从根茎部和叶片基部组织的自然孔口和伤口侵染。植株衰弱、植料积水、高温高湿等因素均有利发病。

防治方法

（1）健康栽培。选择根系健壮、株型完整的兰苗上盆。选用新植料和新盆或经消毒的干净花盆，加强水分和营养管理。建议施用木霉菌菌肥或农用益生菌肥。兰盆之间保持适当间隔距离，增加通气，调控湿度，预防病害在兰盆之间传播。

（2）药剂防治。兰圃中有个别兰盆或兰株发病时要及时清除，病株连同植料全部烧毁。对与病盆相邻的健康兰花要及时选用10%苯醚甲环唑水分散粒剂1000~1200倍液、40%菌核净可湿性粉剂800~1000倍液喷施保护。

（四）纹枯病

症状

病斑发生于叶片和叶鞘。兰花植株发病时先在接近植料的叶片基部及叶鞘上形成暗绿色水渍状的椭圆形病斑，病斑逐渐扩大后边缘呈褐色、中央灰白色，数个病斑相互连接形成大的云纹状斑块。病斑继续向上扩展引起叶片焦枯，健康叶片与病叶接触可感染病害。病害在兰花植株之间和花丛之间不断扩展蔓延，引起兰花整株或整丛枯死。

　　纹枯病发生期为展叶至成株期，常被误诊为枯萎病（茎腐病）。纹枯病与枯萎病（茎腐病）主要区别：纹枯病病原菌侵染叶鞘和叶片产生大型枯死斑，假鳞茎组织无坏死褐变；枯萎病（茎腐病）发生于假鳞茎，引起假鳞茎坏死褐变，叶片因失水焦枯、无病斑。

纹枯病兰圃症状

纹枯病不同发病程度的病丛

纹枯病不同发病程度的病株

纹枯病病株叶片症状

纹枯病病叶及叶鞘症状

病原

病原菌为立枯丝核菌（*Rhizoctonia solani*）。菌丝粗大，初期无色，成熟后呈浅褐色，分枝处近直角、缢缩、有分隔。菌核是由菌丝体交织而成的疏丝组织，初为白色，后转变为暗褐色，扁球形或不规则形。

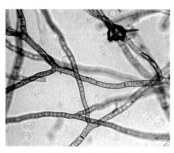 

立枯丝核菌、菌丝　　　　培养基上产生的立枯丝核菌、菌核

发病规律

病原菌存活于病株、病株残体和植料中，可以通过植料、带菌种苗传播。兰盆间的叶片相互交叉接触也会导致病害传染。兰花宽叶和披叶品种较感病。偏施氮肥、植株浓绿，兰盆密集，高温高湿环境有利于发病。

防治方法

（1）清除病原。发现病害后要及时清除病株残体、病盆和带菌植料，集中处理或烧毁。

（2）药剂防护。病害预防可施用木霉菌菌肥或农用益生菌肥。与病盆相邻的健康兰花及时选用 10% 苯醚甲环唑水分散粒剂 1000~1200 倍液、50% 异菌脲可湿性粉剂 800~1000 倍液喷施保护。

（五）叶基黑腐病

症状

病斑发生在叶片基部及叶鞘上。叶片基部及叶鞘受害时先在表面产生褐色病斑，病斑扩大后多个病斑相互连接而形成大块黑斑。病斑从外层叶

叶基黑腐病病叶基部及叶鞘症状

叶基黑腐病病叶基部症状

叶基黑腐病病叶基部症状

叶基黑腐病病叶症状

鞘向内层扩展，引起叶片和植株枯萎。为害叶面时产生小褐斑，叶面斑点呈深褐色、叶背呈黄褐色。

值得注意的是，介壳虫在兰花叶片基部及叶鞘上为害造成伤口和病部组织坏死，诱导次生菌的侵染，也会引起叶片基部及叶鞘变黑腐烂。介壳虫为害引起的叶基黑腐症状与真菌引起的叶基黑腐病极其相似，主要区别是介壳虫引起的在变黑腐烂的组织上有介壳虫及其残体。

介壳虫引起的叶基黑腐

①受害兰株；②受害部介壳虫；③④受害部介壳虫形态

病原

病原菌为色链隔孢（*Phaeoramularia* sp.）。子座小，分生孢子梗丛生，不分枝或松散分枝，直或弯曲。分生孢子顶侧生，形成分生孢子链；分生孢子圆柱形、棍棒形、椭圆形，0~5 个隔膜。病原菌在病株残体和植料中存活，通过气流和浇灌水传播，高温高湿有利于发病。

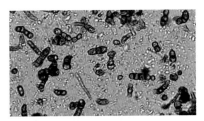

色链隔孢分生孢子

色链隔孢分生孢子座和分生孢子梗

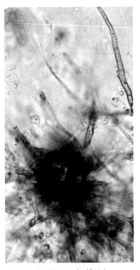

色链隔孢菌丝

发病规律

病原菌存活于病株、病株残体和植料中，可以通过植料、带菌种苗传播。虫害或机械损伤有利于病原菌侵染，植株密集、通风透气不良、植料积水、高温高湿环境等因素均有利于发病。

防治方法

（1）清除菌原。兰圃中有个别兰盆或兰株发病时要及时移走病盆，清除病株。

（2）药剂防治。与病盆相邻的健康兰花要及时选用50%咪鲜·多菌灵可湿性粉剂1000倍液、40%菌核净可湿性粉剂1000倍液喷施保护，防止传染。

（六）软腐病

症状

病斑一般发生于当年生的兰株，发芽期、幼苗期和成株期均可发病。病害先从与假鳞茎相连接的植株基部发生，并不断地向上蔓延。发病组织呈水渍状腐烂，黄褐色，有臭味，湿度大时发病部位表面渗出白色菌脓。

软腐病病株基部水渍状腐烂

软腐病发病部位有菌脓

软腐病病芽症状

软腐病病芽易断

病害严重时全株叶片基部腐烂，整株兰花枯死，易拔断。

软腐病容易与基腐病混淆，二者主要区别：软腐病植株基部腐烂，有菌脓，发臭，病组织切片有喷菌现象；基腐病植株基部腐烂，有白色菌丝，无臭味。

病原

病原菌为胡萝卜软腐果胶杆菌（*Pectobacterium carotovora*）= 胡萝卜软腐欧文菌（*Erwinia carotovora*）。菌落灰白色；菌体杆状，革兰阴性，多鞭毛，周生。软腐病病原菌会产生果胶酶，使植物组织的薄壁细胞组织浸离降解，引起植物软腐病。

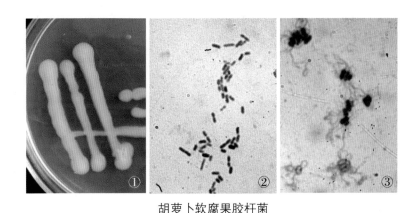

胡萝卜软腐果胶杆菌

①菌落；②菌体杆状；③菌体周生多鞭毛

发病规律

病原菌在病株、病株残体和植料中存活，可以通过植料、带菌种苗传播，从根茎部和叶片基部组织的自然孔口和伤口侵染。虫害或机械损伤加剧病害发生。植料积水、环境湿度高，均有利于发病。

防治方法

（1）清除病原。及时清除病株残体，集中处理或烧毁；严格禁止从发病盆中的任何兰花植株上分株；严禁使用病盆内的植料。

（2）健身栽培。认真做好栽培环境卫生，使用新植料，做好栽培器具的消毒，使用健康种苗。加强水肥管理，施用益生菌肥，培养健壮兰株。

（3）药剂防治。兰花生长期可以施用放射状土壤杆菌制剂、枯草芽胞杆菌制剂等微生物农药，预防病害发生。兰圃中有个别兰盆或兰株发病时要及时移走病盆，与病盆相邻的兰花及时用 20％噻菌酮悬浮剂 400~500 倍液或 72% 农用硫酸链霉素可湿性粉剂 1000~2000 倍液喷施，以防传染。

五、兰花叶片病害

兰花叶片病害是指以叶片症状为主要诊断依据的侵染性病害。兰花叶片病害以真菌性病害居多，其次有病毒病和藻类病害。生理性病害症状也多数表现在叶片上，由于无传染性而独归一类叙述。

兰花炭疽病是最重要的叶片病害，症状为叶片出现黑色或褐色斑点、斑块或叶片枯死。兰花叶斑类病害的斑点颜色以黑色和褐色居多，形状有圆形、近圆形、梭形或不规则形，病斑有时具轮纹，斑点的表面都带有霉层或小黑点。叶枯类病害症状为叶片焦枯，病组织上产生小粒点或霉状物。

兰花病毒病是一种系统性病害，表现为全株性发病。由于叶片上通常形成花叶或环斑，症状明显且容易识别。因此，将兰花病毒病也列入叶片病害。

兰花藻斑病是由藻类引起的病害。藻类是具有叶绿素，能进行光合作用的无根茎叶分化、无维管束、无胚的植物体。藻斑病以寄生或附生于兰花叶片上的藻斑为诊断特征。

（一）炭疽病

症状

炭疽病是兰花的重要病害，发生于兰花叶片和叶鞘。兰花炭疽病有多种病原菌和复杂的症状。根据病状分为叶枯型炭疽病和叶斑型炭疽病，根据病部形态和颜色可分为褐色叶枯炭疽病、白色叶枯炭疽病、轮纹叶枯炭疽病、云纹叶枯炭疽病、褐斑炭疽病、黑斑炭疽病、黄晕斑炭疽病、云纹斑炭疽病。症状的差异是由于病原菌种类及其致病性分化的结果，也与兰花不同品种的感病性强度有关。

兰花炭疽病症状多样，易与兰花其他的叶枯病或叶斑病相混淆，因此诊断时要认真进行症状辨诊。炭疽病症状最重要的诊断特征是发病部位坏死、凹陷、边缘稍隆起。坏死组织中央淡褐色或灰白色、边缘深褐色，病部常有轮纹状排列的小黑点、有些小黑点有黑色刺毛突起，潮湿或遇水时小黑点渗出小堆状的粉红色或黄色黏稠物（分生孢子堆）。鉴于兰花炭疽病症状复杂多样，准确诊断病害最好要对病原菌进行鉴定。

（1）褐色叶枯炭疽病。病斑发生于叶尖和叶缘，病斑向叶内扩展后引起叶枯。枯死组织呈褐色，病部边缘深褐色，病部与健康部交界清楚。枯死组织有呈轮纹状排列的黄色或黑色小粒点，黄色胶状粒点是病原菌的分生孢子堆，黑色小粒点是分生孢子盘或有性态的子囊壳。

褐色叶枯炭疽病全株症状

褐色叶枯炭疽病症状（褐色焦枯）

褐色叶枯炭疽病症状（黄色小粒点轮状排列）

褐色叶枯炭疽病症状（病部有黑色小粒点）

（2）白色叶枯炭疽病。病原菌从叶尖侵染，叶尖变灰褐色枯死。之后病组织继续向下扩展，引起叶片大面积焦枯，枯死部转为灰白色，间生

白色叶枯炭疽病症状（叶尖灰褐色枯死）

白色叶枯炭疽病病叶枯死组织上小黑点

黑色斑块，散生小黑点。病部边缘呈现深褐色线纹，病部与健康部交界清楚。

（3）轮纹叶枯炭疽病。病斑发生于叶片的叶尖和叶缘。病斑初期为小褐斑，后逐渐向下和向内扩展，形成大面积枯死，枯死组织呈褐色与灰白色相间的轮纹，病变组织边缘深褐色，病部与健康部交界明显。在叶面枯死组织上有呈散生或轮状排列的黄色或黑色小粒点，黄色胶状粒点是病原菌的分生孢子堆，黑色小粒点是分生孢子盘或有性态的子囊壳。

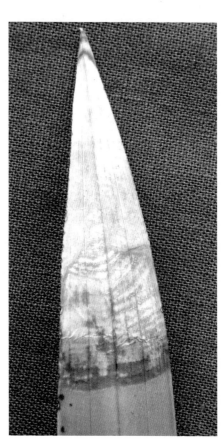

轮纹叶枯炭疽病症状（轮状　　　　轮纹叶枯炭疽病叶背症状
排列的黄色小点）

轮纹叶枯炭疽病症状（轮　　　　轮纹叶枯炭疽病叶背症状
状排列的黑色小点）

（4）云纹叶枯炭疽病。病斑始发于叶片的叶尖，逐步向下扩展引起叶片大面积枯死。枯死组织黄褐两色交错，呈现云纹状斑块；病部与健康部交界明显，病变组织边缘具深褐色线纹，外围形成黄晕。病组织上产生淡黄色或黑色小粒点。淡黄色小点是病原菌的分生孢子堆，小黑点是病原菌的分生孢子盘或子囊壳。

云纹叶枯炭疽病全株症状

云纹叶枯炭疽病症状（云纹状斑状） 云纹叶枯炭疽病症状（病部与健康交界明显）

（5）褐斑炭疽病。病斑发生于叶缘和叶片内，初为小褐点，圆形、近圆形或梭形。病斑扩展后可形成大型斑块。病斑中央前期红褐色或深褐色，后期转为灰白色，病斑边缘有深褐色线纹，外围有一薄层黄晕。病斑中央有轮纹状排列的小黑点，后期病斑变薄而破裂。叶斑多发时可引起叶片枯死。

褐斑炭疽病全株症状

褐斑炭疽病前期病斑

褐斑炭疽病中期病斑

褐斑炭疽病中后期病斑

褐斑炭疽病后期病斑

（6）黑斑炭疽病。病斑形成于叶缘和叶面。病斑初期为针头大小的小黑点，后逐渐扩大后形成近圆形、椭圆形、不规则形，或延伸为条状斑。

黑斑炭疽病症状（病斑密集）

黑斑炭疽病症状（锈斑）

黑斑炭疽病前期症状（条斑）

黑斑炭疽病中后期症状（条斑）

有时病斑密集排列成深褐色至黑色点状锈斑，有时病斑扩大或数个病斑连接形成条状黑斑，有的病斑扩大形成圆形或椭圆形黑斑。病斑中央凹陷或平，边缘稍隆起，病部与健康部交界明显，有些病斑外缘有狭窄黄晕。病斑表面小黑点较少。

黑斑炭疽病症状（圆斑）　　　　　黑斑炭疽病症状（病斑中央凹陷）

（7）黄晕斑炭疽病。病斑发生于叶尖、叶缘和叶面。初期呈小圆点，后扩大为圆形或近圆形大斑。病斑中部前期为深褐色、后期转变为淡褐色，有轮纹状排列的小黑点。病斑凹陷，边缘隆起，有深褐色线纹，外围有宽阔的黄色晕圈。

黄晕斑炭疽病全株症状

黄晕斑炭疽病前期病斑

黄晕斑炭疽病中期病斑

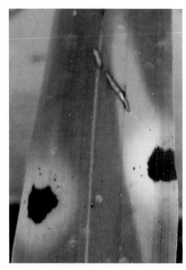

黄晕斑炭疽病中后期病斑　　　黄晕斑炭疽病后期病斑

（8）云纹斑炭疽病。病斑发生于叶片的叶尖、叶缘和叶面，也侵染叶鞘和芽鞘。初期形成近圆形小病斑，病斑褐色，外围有黄色晕圈；后病

云纹斑炭疽病全株症状

斑逐渐扩大形成圆形、椭圆形、梭形和不规则形，中部灰白色，边缘褐色；随着病情发展，数个病斑连接形成大斑块。斑块组织有由灰白色坏死组织和深褐色弯曲线纹交错形成的云纹状斑纹，病斑上有小黑点。病部与健康部交界明显，病变组织边缘深褐色，有黄色晕圈。病斑上散生的小黑点是病原菌的分生孢子盘，潮湿时分生孢子盘上有成团的分生孢子溢出，呈现粉红色的分生孢子堆。

云纹斑炭疽病症状（叶片、叶鞘病斑）

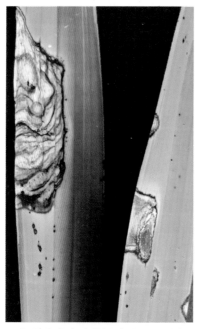

云纹斑炭疽病症状（病斑呈云纹状）

云纹斑炭疽病病斑上的分生孢子堆

病原

病原菌有以下两种。

（1）兰科炭疽菌（*Colletotrichum orchidearum*）。仅见于引起兰花云纹斑炭疽病。分生孢子盘埋生于寄主组织内，周围有褐色刚毛。分生孢子长椭圆形，无色，多数聚集时呈粉红色。未发现有性态。

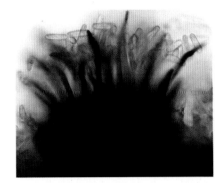

兰科炭疽菌分生孢子盘和分生孢子

（2）胶孢炭疽菌（*Colletotrichum gloeosporioides*）。原称盘长孢状刺盘孢。该种是引起兰花炭疽病的优势种。由于不同种群的致病性分化和兰花的不同种类感病性差异，会表现出不同症状，能引起褐色叶枯炭疽病、白色叶枯炭疽病、轮纹叶枯炭疽病、云纹叶枯炭疽病、褐斑炭疽病、黑斑炭

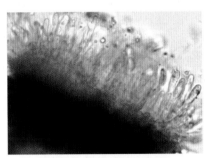

胶孢炭疽菌分生孢子盘

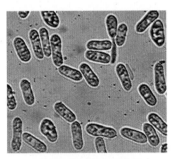

胶孢炭疽菌分生孢子

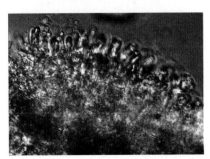

胶孢炭疽菌分生孢子盘

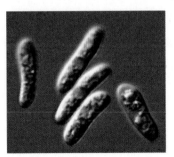

胶孢炭疽菌分生孢子

疽病、黄晕斑炭疽病。菌落暗灰色，紧密。分生孢子盘埋生于寄主表皮下，后突破表皮外露，盘状，无刚毛；分生孢子梗无色，分生孢子单细胞，无色、壁薄、表面光滑，长椭圆形或圆柱状。有性阶段为围小丛壳（*Glomerella cingulata*）和亚球壳（*Sphaerulina*）。

①围小丛壳。围小丛壳发现于褐色叶枯炭疽病、轮纹叶枯炭疽病、云纹叶枯炭疽病、黑斑炭疽病。子囊壳球形或扁球形，较小，有短喙，埋生于寄主组织内。子囊棍棒形，无柄，平行排列，内含8个子囊孢子。子囊孢子单胞，椭圆形，略弯或直，无色。该菌形成于病斑后期，在叶面的坏死组织上呈轮纹状排列。

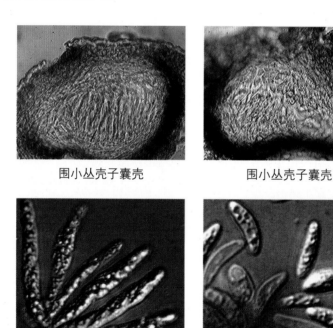

围小丛壳子囊壳　　　　　　　　围小丛壳子囊壳

围小丛壳子囊壳子囊　　　　围小丛壳子囊壳子囊孢子

②亚球壳。仅发现于兰花白色叶枯炭疽病。子囊座球形，暗褐色，埋生于寄主组织内，形成单个子囊腔。子囊束生，长椭圆形，稍弯曲，两端钝圆。子囊孢子长纺锤形，中央宽，两端钝圆，无色，3个隔膜。

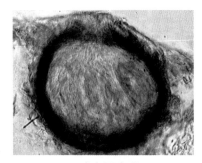 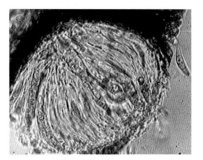

亚球壳子囊座　　　　　　　　亚球壳子囊和子囊孢子

发病规律

病原菌存活于病叶、病株残体、植料中，主要通过气流和喷洒水传播。病原菌附着于叶片上，从幼嫩组织、自然孔口和伤口侵入。如病原菌直接侵染幼嫩组织或从自然孔口侵入，则病害潜育期较长，症状通常出现在成熟叶片上；如病原菌从伤口侵入，则潜育期较短，症状出现在损伤叶片或较衰老叶片上。前者如叶斑型炭疽病，后者如叶枯型炭疽病。高温高湿、通风不良、兰盆排放过密、叶面喷水、植料积水、根系生长不良、植株衰弱等，均有利于病害发生。遭受虫害、冻害、日灼和机械损伤严重的叶片易诱发炭疽病。

防治方法

（1）卫生预防。及时清除和烧毁病叶和病株残体；严格禁止从发病兰花植株上分株；严禁使用病盆内的植料，新植料要经暴晒2~3天方可使用。少数发病叶片要及时修剪，并用杀菌剂进行消毒和保护。

（2）健身栽培。注意保持栽培场所通风和适当的空气湿度、充足的光照，防止过度遮蔽，但也要防止强烈的阳光直射。采用良好植料，均衡施肥，用0.1%~0.2%磷酸二氢钾水溶液进行叶片喷施，能增强植株抗病性。

（3）药剂防治。兰圃内个别兰株叶片初现病害时，及时施药保护。可选用50%咪鲜胺锰盐可湿性粉剂1000~1500倍液、50%咪鲜·多菌灵可湿性粉剂1000倍液、250克/升吡唑醚菌酯乳油1000倍液、1.5%噻霉酮水乳剂或3%噻霉酮微乳剂600倍液喷施，隔7~10天喷1次，共2~3次。这3种药剂经抑菌圈法测定，不但对炭疽病有防治效果，而且对枯萎病（茎腐病）也有防治效果。在展叶期和成株期用药可以同时兼治炭疽病、枯萎病（茎腐病）和其他真菌病害。

（二）叶烧病

症状

病斑发生于叶尖和叶缘，呈半圆形，并向下和向内扩展。病斑扩大后相互愈合而引起叶枯。病组织中部呈灰白色、密布小黑点，病斑愈合处颜色深褐色并形成云纹状。病部与健康部交界明显，外层有黄晕。

病原

病原菌为壳多孢（*Stagonospora* sp.），分生孢子器球形，黑色，埋生于叶表皮下。分生孢子梭形，有2~3个隔膜，隔膜处稍缢缩。有性态为小球腔菌（*Leptosphaeria* sp.），子囊座埋生于寄主表皮下，球形，黑色，有孔口。子囊棍棒形，双层壁。子囊孢子长纺锤形，稍弯曲，无色，有3~4个横隔膜，隔膜处稍缢缩。

叶烧病症状

壳多孢分生孢子器和分生孢子

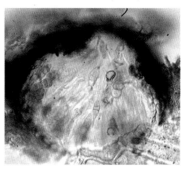

小球腔菌子囊座

小球腔菌子囊和子囊孢子

发病规律

病原菌在病株、病株残体中存活，分生孢子或子囊孢子随气流和喷洒水传播，从自然孔口和伤口侵染。

防治方法

兰圃内个别兰株叶片初现病害时及时修除，并选用50%咪鲜胺锰盐可湿性粉剂、30%苯醚甲环唑乳油2000倍液、50%多菌灵可湿性粉剂1000~1500倍液、50%咪鲜·多菌灵可湿性粉剂1000倍液喷施保护，防止传染。

（三）大茎点霉褐色叶枯病

症状

病斑自叶尖开始向下扩展引起叶枯，枯死部分深褐色，其上密集散布褐色至黑色小粒点。病部与健康部无明显界线，枯死组织外缘有黄色晕带。

本病症状与褐色叶枯炭疽病相似，主要区别是褐色叶枯炭疽病枯死组织边缘呈深褐色稍隆起，病部与健康部交界清楚。小黑点呈轮状排列。

病原

病原菌为大茎点霉（*Macrophoma* sp.）。分生孢子器埋生于寄主组织

大茎点褐色叶枯病症状

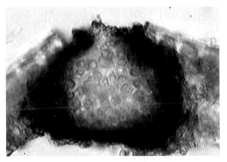

大茎点霉分生孢子器和分生孢子

内，黑色，球状，有孔口。分生孢子梗短小，不分枝。分生孢子卵圆形至椭圆形，单细胞，无色。

发病规律

病原菌在病株、病株残体、植料中存活，以分生孢子或子囊孢子随气流、喷洒水和昆虫传播，从自然孔口和伤口侵染。根系生长不良，管理不善，叶片热害、冻害、机械损伤和虫害都能诱发本病。

防治方法

兰圃内个别兰株叶片初现病害时及时修剪，并选用 50% 咪鲜胺锰盐可湿性粉剂、50% 咪鲜·多菌灵可湿性粉剂 1000 倍液、50% 多菌灵可湿性粉剂 1000~1500 倍液喷施保护，防止传染。

（四）拟茎点霉叶枯病

症状

病斑发生于叶尖和叶缘，向下和向内扩展后引起叶枯。如果是由数个

拟茎点霉叶枯病症状

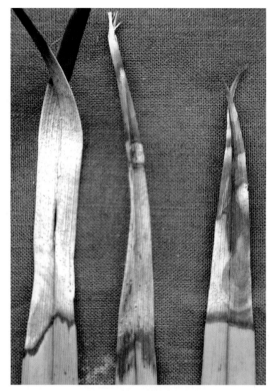

拟茎点霉叶枯病病叶症状

病斑相互愈合而引起的叶枯，病斑连接处呈深褐色。叶枯组织后期纵裂，中部灰白色、密布小黑点，边缘深褐色至黑色、外缘有细窄黄晕带。

病原

病原菌为拟茎点霉（*Phomopsis* sp.）。分生孢子器埋生于寄主表皮下，

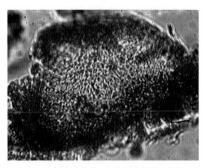

拟茎点霉甲型分生孢子及分生孢子器

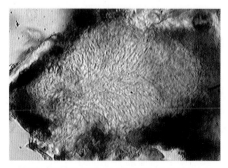

拟茎点霉乙型分生孢子及分生孢子器

黑色，扁球形，器壁厚，产生甲型分生孢子和乙型分生孢子。甲型分生孢子卵圆形、无色、单胞，乙型分生孢子线状、一端稍呈钩状。

发病规律

病原菌在发病植株及其残体中存活，以分生孢子随气流、喷洒水和昆虫传播，从自然孔口和伤口侵染。

防治方法

发病初期及时剪除病叶，及时选用 50% 咪鲜胺锰盐可湿性粉剂、50% 咪鲜·多菌灵可湿性粉剂 1000 倍液、40% 多菌灵可湿性粉剂 1000~1500 倍液喷施保护，防止传染。

（五）茎点霉叶枯病

症状

病斑发生于叶片上部或叶尖，初期为针头状小黑点，后逐渐扩大后数个病斑相互愈合而形成大面积枯死。枯死组织初期为黑色或呈虎尾斑状，后期为灰白色焦枯，密布小黑点，边缘深褐色至黑色。

茎点霉叶枯病全株症状

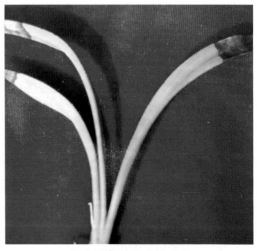

茎点霉叶枯病病株症状

茎点霉叶枯病病叶症状

病原

病原菌为茎点霉（*Phoma* sp.）。其分生孢子器埋生，黑色，扁球形，器壁厚。分生孢子卵圆形、无色、单胞。

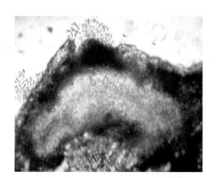

茎点霉分生孢子及分生孢子器

发病规律

病原菌在发病植株及其残体中存活，以分生孢子随气流、喷洒水和昆虫传播，从自然孔口和伤口侵染。高温高湿环境，或叶尖受高温伤害，易诱发本病。

防治方法

发病初期及时剪除病叶，及时选用 50% 咪鲜胺锰盐可湿性粉剂、50% 咪鲜·多菌灵可湿性粉剂 1000 倍液、40% 多菌灵可湿性粉剂 800~1000 倍液喷施保护，防止传染。

（六）叶点霉叶枯病

症状

叶枯发生于叶片上部或叶尖部，枯死部初期呈褐色，后期形成灰白色焦枯，密布褐色小粒点（分生孢子器）。叶枯部边缘深褐色，病部与健康部交界明显。

本病症状与大茎点霉褐色叶枯病相似，主要区别是：大茎点霉褐色叶枯病病叶呈深褐色焦枯，其上密布黑色小粒点，枯死组织外缘有宽黄色晕带。

叶点霉叶枯病症状

叶点霉叶枯病病部组织上的褐色小粒点

病原

病原菌为叶点霉（*Phyllosticta* sp.）。分生孢子器埋生，有孔口。分生孢子近卵圆形，单胞，无色，顶部有一根无色附属丝。

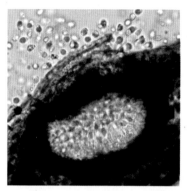

叶点霉分生孢子器和分生孢子

发病规律

病原菌在病株、病株残体、植料中存活，以分生孢子随气流、喷洒水和昆虫传播，从自然孔口和伤口侵染。叶片热害、灼伤会诱发本病。

防治方法

（1）保健预防。及时清除和烧毁病叶和病株残体；注意保持栽培场所通风和适当的空气湿度，防止强烈的阳光直射。运输时搞好防护措施，防止热害、灼伤和机械损伤。

（2）药剂防治。发病初期剪除病叶，及时选用 50% 咪鲜胺锰盐可湿性粉剂、50% 咪鲜·多菌灵可湿性粉剂 1000 倍液、75% 百菌清可湿性粉剂 800 倍液喷施保护，防止传染。

（七）镰刀菌叶枯病

症状

病斑从叶尖开始发生，向下扩展引起大面积叶枯。枯死叶片组织初呈褐色，后转为灰黑色。枯死叶面密生黑白相间的细浪纹，潮湿时病组织上有霉状物。

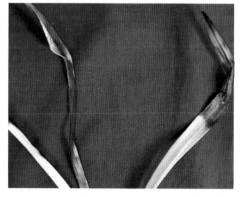

镰刀菌叶枯病前期症状

镰刀菌叶枯病中后期症状

病原

病原菌为雪腐镰孢（*Fusarium nivale*）。在马铃薯蔗糖培养基上，菌落气生菌丝呈薄绒状。大型分生孢子小，橘瓣状；小型分生孢子聚生，单胞。

发病规律

病原菌以菌丝或分生孢子在病株、病株残体、植料中存活，分生孢子通过气流和喷洒水，从自然孔口和伤口侵染。高湿和冻

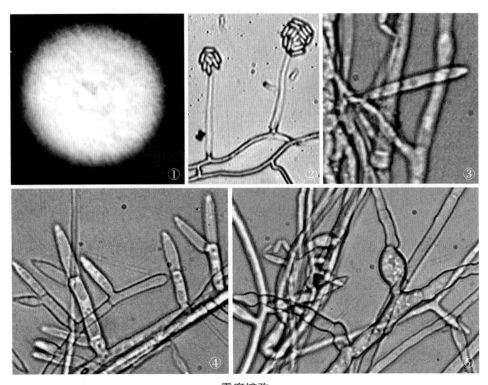

雪腐镰孢

①菌落；②小型分生孢子；③大型分生孢子；④产孢细胞；⑤菌丝和厚垣孢子

害有利发病。

防治方法

（1）保持栽培场所通风和适当的空气湿度，冬季加强防冻保温。

（2）发病初期剪除病叶，及时选用40%多菌灵可湿性超微粉剂800倍液、25%苯醚甲环唑乳油或50%咪鲜·多菌灵可湿性粉剂1000倍液喷施保护，防止传染。

（八）镰刀菌叶腐病

症状

病斑发生于叶片，呈黄色水渍状坏死，在叶片上下扩展延伸，引起整叶枯黄、腐烂。湿度大时枯死叶片上产生白色霉层。

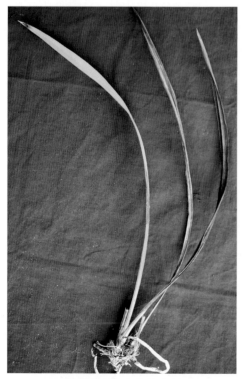

镰刀菌叶腐病全株症状

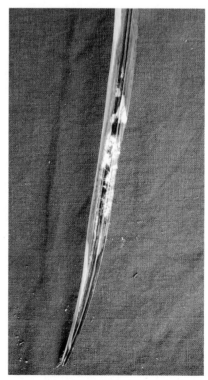

镰刀菌叶腐病病叶症状

病原

病原菌为束梗镰孢（*Fusarium stilboides*）。其小型分生孢子少。大型分生孢子镰刀状，多细胞，顶胞鸟嘴状。分生孢子梗多层分枝呈帚状。

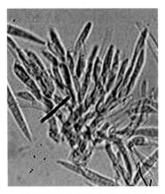
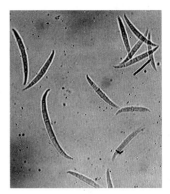

束梗镰刀菌分生孢子梗　　　　束梗镰刀菌分生孢子

发病规律

病原菌以菌丝体或分生孢子在病株、病株残体、植料中存活，以分生孢子随气流、喷洒水传播。以伤口侵染为主。植株生长衰弱、机械损伤和虫害有利于发病。

防治方法

（1）保持栽培场所卫生，及时清除病株残体。发现病叶及时剪除。病盆要与健康兰盆分开，隔离种植。

（2）选用 40% 多菌灵可湿性超微粉剂 800 倍液、25% 苯醚甲环唑乳油或 50% 咪鲜·多菌灵可湿性粉剂 1000 倍液喷施保护。

（九）弯孢霉叶枯病

症状

受害叶片初期密生针头状大小的褐色小斑点，后期叶尖干枯，灰白色，有黑色霉点，枯死叶片背面有稀疏的波浪纹。病部与健康部交界明显，呈褐色。枯死组织下方的绿色叶片组织上密布小黑斑。

　　本病症状与镰刀菌叶枯病症状相似，区别是镰刀菌叶枯病枯死叶黑白波浪纹在叶面，本病波浪纹在枯死叶片背面。

弯孢霉叶枯病症状

弯孢霉叶枯病叶面症状

弯孢霉叶枯病叶背症状

病原

病原菌为弯孢（*Curvularia lunata*）。菌落呈褐色，有气生菌丝。分生孢子梗长，有隔膜，顶部曲膝状弯曲。分生孢子生于分生孢子梗顶部。分生孢子3个隔膜，自基部计算第三个细胞膨大色深，孢子在此处弯曲；两端细胞较小、色淡、表面光滑。

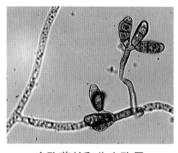 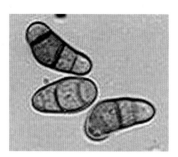

弯孢菌丝和分生孢子　　　　　　弯孢分生孢子

发病规律

病原菌以菌丝体或分生孢子在病株、病株残体、植料中存活，以分生孢子随气流、喷洒水传播。可以从叶片表面和叶缘的自然孔口或伤口侵染，植株生长衰弱和高湿度环境有利于发病。

防治方法

剪除病叶，及时用40%多菌灵可湿性超微粉剂800倍液或25%苯醚甲环唑乳油1000倍液喷施保护。

（十）褐孢霉叶枯病

症状

病斑自叶尖向下扩展引起叶枯，枯死部呈灰褐色，有褐色云纹状条纹。病叶背面着生黑色霉粒。

本病与叶烧病症状相似，主要区别：本病的病部组织上能产生黑色霉点，而叶烧病病部组织上产生球形小粒点。

病原

病原菌为褐孢霉（*Fulvia
fulva*）。分生孢子梗黑褐
色，直线状，不分枝；分隔
处节状膨大，能侧生为短型
侧枝。分生孢子黑褐色，单
个或成串侧生和顶生于分生
孢子梗上，0~3 个细胞，形
状变化很大，卵形、圆筒形
或不规则形，有的呈典型的
柠檬形。有性阶段为球腔菌
（*Mycosphaerella* sp.），子
囊座生于寄主表皮下，球形，
黑色。子囊棍棒形，双层壁，
有 8 个子囊孢子，子囊间有
拟侧丝。子囊孢子纺锤形，
具 2 个细胞。

褐孢霉叶枯病症状

褐孢霉分生孢子着生状态

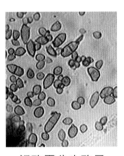

褐孢霉分生孢子

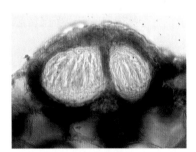

球腔菌子囊座

发病规律

病原菌在病株、病株残体、植料中存活，以分生孢子或子囊孢子随气
流传播，从自然孔口和伤口侵染。

防治方法

剪除病叶，清理发病中心，用 40% 多菌灵可湿性超微粉剂 800 倍液或 25% 苯醚甲环唑乳油 1000 倍液喷施保护。

（十一）链格孢叶枯病

症状

病斑发生于叶尖和叶缘，呈近圆形，扩展后引起叶枯。枯死组织淡

 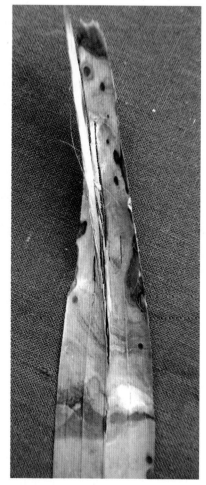

链格孢叶枯病症状（叶面）　　　链格孢叶枯病症状（叶背）

褐色，有褐色轮纹；枯死组织上散生黑色椭圆形斑点，斑点周围有轮纹状排列的小黑点。病部与健康部交界处呈褐色，外缘有黄色晕圈。

本病症状与拟茎点霉叶枯病相似，主要区别是：拟茎点霉叶枯病在叶枯组织上密布小黑点（分生孢子器）；而链格孢叶枯病的病斑具轮纹，上生黑色小霉点（分生孢子梗）。

病原

病原菌为链格孢（*Alternaria* sp.）。菌落灰色。分生孢子梗褐色，单枝，弯曲。产孢细胞孔出式产孢。分生孢子呈链状或单生，深褐色，形状不一（典型的为卵圆形），表面光滑，有纵横隔膜。

发病规律

病原菌在病株、病株残体、植料中存活，以分生孢子或子囊孢子随气流、喷洒水和昆虫传播，从自然孔口和伤口侵染。根系生长不良，管理不善，叶片热害、冻害、机械损伤和虫害都能诱发本病。

防治方法

加强栽培管理，防止叶片受伤。发病后

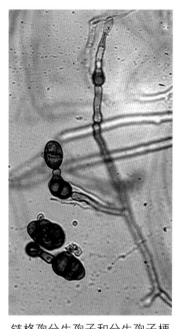

链格孢分生孢子和分生孢子梗

及时剪除病叶，用40%多菌灵可湿性超微粉剂800倍液或25%苯醚甲环唑乳油1000倍液喷施保护。

（十二）枝孢叶霉病（煤烟病）

症状

为害兰花叶片，受害部位产生不规则形褪绿斑，表面产生煤烟状黑色霉层。该霉层为病原菌的分生孢子梗和分生孢子。

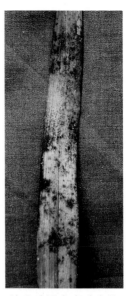

枝孢叶霉病症状　　　　　　　　　枝孢叶霉病病叶症状

病原

病原菌为枝孢霉（*Cladosporium* sp.）。菌丝体生于叶片表面，黑色。分生孢子梗黑褐色，不分枝或少量分枝，梗的一侧有节状膨大；分生孢子单生或串生，表面光滑，0~1个隔膜，有时脐部稍凸出。

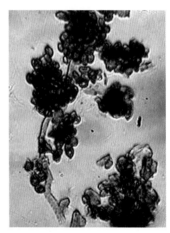

发病规律

病原菌存活于病株、病株残体和其他植物上，分生孢子随气流传播。病原菌可以在昆虫分泌物上生活，发生粉虱、介壳虫为害时枝孢叶霉病发生严重。

枝孢分生孢子梗和分生孢子

防治方法

（1）治虫防病。加强对介壳虫、粉虱、蚜虫等害虫防治。

（2）药剂防治。移走病株，隔离种植。剪除病叶，清理发病中心，用40%多菌灵可湿性超微粉剂800倍液或20%三唑酮乳油1000倍液喷施保护。

（十三）叶点霉褐斑病

症状

在叶面或叶缘形成大的坏死性褐斑。起初为深褐色圆斑，病斑外缘有宽大的黄色晕圈，在晕圈周围密生针头状大小的褐斑。病斑扩大后中央呈灰白色，上生小黑点，周围形成深褐色坏死部，外缘形成黄色晕圈。

本病症状与黄晕斑炭疽病相似，主要区别是：黄晕斑炭疽病的病斑中央有轮纹状排列的小黑点，外围有宽阔的黄色晕圈，晕圈周围无密生小褐斑。

叶点霉褐斑病症状

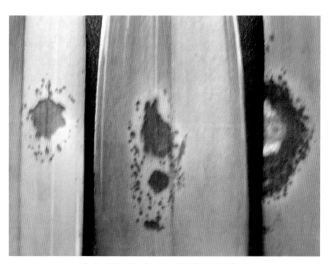

叶点霉褐斑病不同发病时期病斑

病原

病原菌为叶点霉（*Phyllosticta* sp.）。分生孢子器球形或锥瓶状，黑色，有孔口。分生孢子卵圆形，单胞，无色。

有性态为球腔菌（*Mycosphaerella* sp.）。子囊座散生于寄主表皮下，球形，黑色，有短乳头状孔口。子囊圆柱状，双层壁，平行排列，有8个子囊孢子。子囊孢子纺锤形，具2个细胞，上部细胞大于下部细胞。

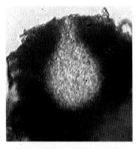

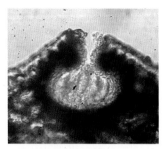
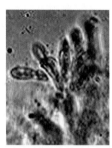

| 叶点霉分生孢子器 | 球腔菌子囊座 | 球腔菌子囊孢子 |

发病规律

病原菌存活于病株、病株残体、植料中，可以通过气流、水流和昆虫传播。病原菌直接侵染细嫩组织或从自然孔口和伤口侵染。

防治方法

发病初期用40%多菌灵可湿性超微粉剂800倍液或3%噻霉酮水乳剂800倍液喷施，隔5~7天再喷1次，共2次。

（十四）球座菌叶斑病

症状

病斑从叶尖和叶缘开始发生，自叶尖向下扩展或从叶缘向内扩展而形成大型斑块。斑块呈灰白色，上面密生小黑点，病斑外缘褐色或暗黑色，病部与健康部交界明显。

病原

病原菌为球座菌（*Guignardia* sp.）。子囊座扁球形，黑色，埋生于寄主表皮下，孔口突出。子囊圆柱形，束生，拟侧丝早期消失。子囊孢子纺锤形，略弯，中部膨大；初为单细胞，成熟后为大小不等的双细胞。

球座菌叶斑病症状 　　　　　　　球座菌叶斑病病征（小
　　　　　　　　　　　　　　　　黑点）

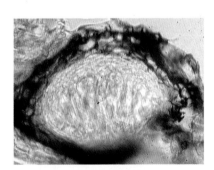

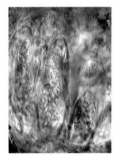

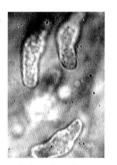

球座菌子囊座 　　　　球座菌子囊 　　　球座菌子囊孢子

发病规律

　　病原菌存活于病株、病株残体、植料中，可以通过气流、水流和昆虫传播，从自然孔口和伤口侵染。兰株根系生长不良、植株生长衰弱、虫害或机械损伤有利于发病。

防治方法

发病初期用 40% 多菌灵可湿性超微粉剂 800 倍液或 3% 噻霉酮水乳剂 800 倍液喷施，隔 5~7 天再喷 1 次，共 2 次。

（十五）镰刀菌条斑病

症状

病斑发生于新叶基部细嫩组织，初期为褐色小点，后呈圆形或近圆形，边缘有黄晕；随着病情发展，逐渐扩大为长椭圆形至梭形，向两端扩展延伸形成条斑。病斑中部灰褐色，有数条深褐色线纹。湿度大时病斑上产生白色至淡红色霉点。

镰刀菌条斑病病苗症状

镰刀菌条斑病中期症状

镰刀菌条斑病后期症状 　　　　　　镰刀菌条斑病病斑上的霉点

病原

病原菌为镰刀菌（*Fusarium* sp.）。大型分生孢子梗有分枝，大型分生孢子镰刀状，通常有 3 个隔膜；小型分生孢子梗简单，小型分生孢子 1~2 个细胞、椭圆形，聚生于孢子梗顶端。

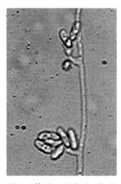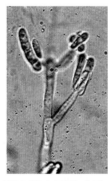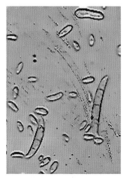

镰刀菌小型分生孢子　镰刀菌大型分生孢　镰刀菌大型分生孢子
梗和小型分生孢子　　子梗和大型分生孢子　和小型分生孢子

发病规律

病原菌存活于病株、病株残体、植料中，可以通过气流、水流和昆虫传播，直接侵染细嫩组织或从自然孔口和伤口侵染。植料积水和叶片浇水后久不干爽，都有利于发病。

防治方法

发病初期选用50%咪鲜·多菌灵可湿性粉剂1000倍液、40%多菌灵可湿性超微粉剂800倍液、3%噻霉酮水乳剂800倍液喷施，隔5~7天再喷1次，共2次。特别要注意保护植株基部的叶片和叶鞘。

（十六）病毒病

病毒病，兰友称之为"拜拉丝"，实为病毒的英文名称"virus"的音译。兰花病毒病为病毒引起的病害统称，其重要的病毒有花叶病毒和环斑病毒，所引起的病害分别称花叶病毒病和环斑病毒病。

症状

国兰病毒病以花叶病毒病为主，新叶和细嫩叶片先出现症状。发病初

花叶病毒病症状（黄绿相间花叶状）　　　　花叶病毒病症状（褪绿斑驳状）

花叶病毒病症状（坏死）　　　　　　花叶病毒病症状（坏死）

花叶病毒病的症状类型

①②褪绿斑驳；③④花叶；⑤⑥脉肿；⑦⑧坏死

期叶片上形成褪绿斑，病斑沿叶脉扩展、相互交错；叶片不均匀褪绿，黄绿相间，呈斑驳状或花叶状；有脉肿现象。褪绿和黄化组织角质层减少，叶绿素消失，叶肉凹陷。后期坏死焦枯，形成黑褐色斑点或斑块。发病植株生长缓慢、矮小，花朵变小或畸形，商品价值大大降低。

诊断病毒病时要注意与兰花的叶艺相区别，叶艺中的斑艺尤其容易与病毒病症状混淆。

叶艺与病毒病的主要区别有以下 4 点。

①传染性。"艺"为生理性或遗传性变异，无传染性，不会在兰株之间传播扩散；病毒病具有传染性，可以在兰圃内盆间、株间传染扩散。

②病原性。"艺"为生理性或遗传性变异的结果，在细胞或细胞组织内查不到病原体；病毒病是病毒侵染的结果，利用电子显微镜观察，病组织细胞内可以检查到病毒粒体。

墨兰虎斑艺

墨兰虎斑艺

墨兰虎斑艺

蕙兰虎斑艺（吴立方供图）

墨兰雪白斑艺

春兰蛇斑艺

寒兰蛇斑艺（刘振龙供图）　　　　　　　　　墨兰扫尾艺

③稳定性。"艺"的形成是遗传变异的结果，"艺"在良好的管理条件下不会形成坏死，其特征可以维持到叶片老化而不改变，并且可以遗传到后代；病毒病引起的褪绿斑和黄化是植物细胞和细胞组织代谢功能失调产生病变的结果，发生病害的叶片或组织后期会坏死、枯萎或生长衰败。

④特异性。"艺"在叶片上有特定的部位、形状和色泽；花叶病毒病症状在新苗上明显，其出现叶片的位置不定，褪绿斑形状、大小也不定。

病原

病原有建兰花叶病毒（*Cymbidium mosaic virus*, CyMV），可侵染各种国兰，引起花叶病毒病。齿瓣兰环斑病毒（*Odontoglossum ringspot virus*, ORSV）和番茄环斑病毒（*Tomato ringspot virus*, TomRSV）在洋兰上较常见，这两种病毒侵染兰花，引起环斑病毒病。

发病规律

病毒是一种专性寄生物，存活于带毒的兰花植株中；可以通过带毒苗、昆虫和机械传播。用带病毒的兰花营养器官组织培养或分株繁殖，是病毒病传播的重要途径；在兰圃，蚜虫也可以传毒；兰花密植栽培时病株叶片与健康叶片摩擦可以传染病毒；使用剪刀和小刀等工具进行分株操作时，工具上沾带的病毒汁液可以传染健康植株；浇水时从病株花盆中流出的带病毒水滴也具有传染性。兰花病毒病全年都可能发生，夏秋高温季节为发病盛期。兰花病毒病是一种系统性（全株性）病害，初期症状多发生于幼嫩叶片和新叶片，直至兰叶成熟时病斑可能老化和坏死。

防治方法

（1）培育和种植无毒兰苗。严格选用无病兰丛进行分株繁育，采用脱毒技术繁育组培苗，不购买混有病苗的种苗。

（2）加强卫生防御。使用干净的花盆和植料。兰圃中发现病毒病兰株时要及时予以销毁，杜绝传染源。分株繁殖时使用的剪刀和小刀等工具，每做完一株后都要用 75% 乙醇或 5% 的次氯酸钠水溶液进行消毒处理。分株苗用 1% 磷酸三钠溶液浸泡 10 分钟，取出晾干后上盆。

（3）健身栽培，增加抗性。培育兰花健壮体质，增强抗病毒能力。保持良好的通风和光照条件，适度密植和尽量减少叶片间摩擦。注意氮、磷、钾营养搭配，忌偏施氮肥。选用 0.2% 硫酸锌水溶液、2% 氨基寡聚糖 800~1000 倍液、0.5% 葡聚烯糖可湿性粉剂 3000~4000 倍液进行叶面施肥，能增强兰株抗病毒能力。

（4）清除毒源，药剂防治。对发生病毒病的兰花，先清除病株，将病盆中剩下未表现症状的兰花集中在一起，并予以隔离，然后选用 1.45% 苷·醇·硫酸铜可湿性粉剂 500 倍液、31% 氮苷·吗啉胍可溶性粉剂 500 倍液、0.5% 葡聚烯糖可湿性粉剂 3000~4000 倍液喷施，每隔 7 天 1 次，共 3 次。

（十七）藻斑病

症状

病斑多出现在成株期较老龄的叶片上，一盆兰花中有数枚叶片发病，

藻斑病全株症状

藻斑分布以叶面为主。藻斑初期呈针头状灰绿色小圆点，后逐渐向四周呈放射状扩展，形成近圆形或不规则稍隆起的毛毡状物。藻斑表面呈纤维状纹理，边缘缺刻不整齐。布满藻斑的叶片初期呈灰绿色，后期由于色素分泌而变为黄褐色至粉红色。严重发生时藻斑可以覆盖整个叶片，叶片被藻斑覆盖后阻碍了光合作用，导致兰花植株生长衰弱。

藻斑病症状

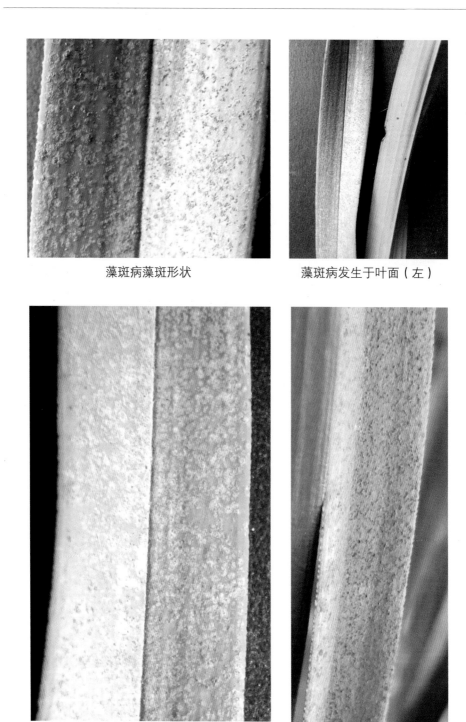

藻斑病藻斑形状　　　　　　　　藻斑病发生于叶面（左）

藻斑病病叶前期　　　　　　　　藻斑病病叶后期

病原

病原为叶楯藻（*Phycopeltis epiphyton*）。叶楯藻为叶生地衣的共生藻，藻叶状体为圆盘状，由众多放射状排列的丝状体组合而成；丝状体二叉分枝，由若干长方形或长条状细胞组成。细胞单层分布，有些细胞有黄色或橘红色色素。藻斑完全紧密附生于叶片表面，不深入到角质层、表皮或组织中，可以从叶片上刮落。

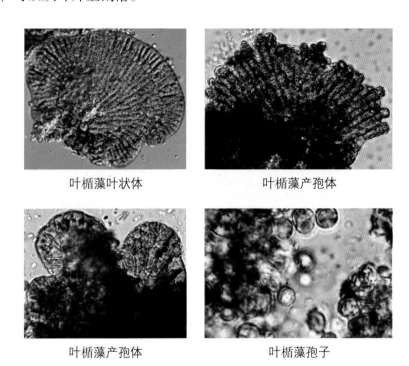

叶楯藻叶状体　　　　　　　　　叶楯藻产孢体

叶楯藻产孢体　　　　　　　　　叶楯藻孢子

发病规律

叶楯藻以营养体在兰叶及兰圃周围其他寄主植物组织上越冬，在潮湿、荫蔽的环境条件下产生孢子，通过风和雨水传播，以孢子侵染植株而使其得病。栽培环境通风透光不良和兰盆摆放过密，均有利于发生和蔓延。

防治方法

藻斑病以预防为主，要合理密植，增加通风透光，加强管理，增强兰叶活力。个别叶片发病时及时剪除和烧毁，以清除传染源。必要时采取药剂防治，可选用 86.2% 氧化亚铜可湿性粉剂、14% 络氨铜水剂、77% 氢氧化铜悬浮剂、10% 二硫氰基甲烷乳油等农药。

六、兰花生理性病害

生理性病害由不良的理化因素所致，无传染性，也称非侵染性病害。兰花的生理性病害主要有两类：气候性病害和药害。

气候性病害主要影响因素有温度、光照、水分和通气，其中温度和光照是最显著的影响因素。兰花喜半阴，忌热畏寒，生长适宜温度是18~28℃。兰花生长环境中的温光条件超出一定范围，就会造成生理上或形态学上的伤害。兰花的气候性病害有日灼、冻害、冷害、热害。日灼是强烈阳光直射，导致叶片灼伤，抑制生长。冻害指0℃以下的低温使兰花植株体内结冰造成的伤害，通常造成植株组织坏死、腐烂、焦枯。冷害指0℃以上低温对兰花植株的损害，使植株生理活动受到阻碍，植株生长停滞、叶绿素形成受阻，有时也对细胞组织造成破坏。热害指兰花所处的环境中温度过高而导致的兰花生理性伤害，表现为植株失水萎蔫和叶片焦枯。

药害是因化学杀菌剂、杀虫剂、杀螨剂、生长激素施用不当，对兰花生长生理或细胞组织产生毒害，影响兰花的正常生长发育。常见的症状是叶片产生坏死斑和植株枯焦，生长激素在兰花上使用不当则会造成畸形和生长失调等症状。

（一）日灼

症状

日灼有叶尖枯焦和叶面灼焦两种症状类型：叶尖枯焦是由于根系发育不良，阳光过度照射导致叶尖失水所致。枯焦面从叶尖不断向下扩大，以至叶片大面积枯焦，后期由于次生病原菌或某些腐生菌生长，致死叶片焦黑。叶面灼焦多发生在叶面，特别是叶片披垂的叶面更容易发生灼伤。受到强光直射的叶片形成褪绿的黄褐色或黄白色枯斑，后期变为褐色和暗褐色焦枯。发生日灼的叶片组织易诱发炭疽病病原菌或叶枯病病原菌的次侵染。

日灼症状（叶面和叶尖焦枯）

日灼症状（叶面焦枯）

日灼前期（受光叶面焦枯）

日灼中后期（受光叶面焦枯）

病因

叶片遭受过强阳光直射导致灼伤，致使叶肉组织和叶绿素被破坏。

发生规律

日灼多发生在夏季或春末秋初，发生位置与阳光照射情况有关。如果兰圃遮阳网破损，那么遭到阳光直射的兰株会发生日灼。长期置于较阴处的兰花，如骤然搬到阳光强的地方，也容易发生日灼。发病情况与兰花种类也有关，如蕙兰较耐光。日灼斑的表面无病原物和不传染，但是受伤的叶片容易受病原菌次生侵染易诱发炭疽病、叶斑病、叶枯病。

防治方法

日灼应以预防为主，着重做好遮阴工作，防止高温季节和中午强烈阳光照射；兰株从光照较弱地方移到光照较强的地方，要有一个过渡阶段；注重水肥管理，促进根系健康，提高空气湿度，加强通风，防止高温伤害。

（二）冻害

症状

受冻害严重的兰株叶片呈水渍状褪绿，植株萎蔫，严重时全株死亡。受冻害较轻时在叶尖和叶缘形成水渍状褪绿斑块，后期呈褐色焦枯。

冻害症状（水渍状褪绿萎蔫）（郑为信供图）

冻害症状（叶片局部变褐焦枯）（淡淡供图）

病因

低温对兰花的生理功能和组织形态构成破坏。

发生规律

冻害症状多数在低温过后出现，低温来临时兰圃保温不好，或是露天栽培兰花容易发生冻害。兰花种类不同，抗寒能力不

冻害症状（花苞萎蔫）（郑为信供图）

同：墨兰抗寒力差，在5℃以下容易受冻害；建兰抗寒力也较差，在0℃以下容易受冻害；蕙兰抗寒力强，可短时间忍受–10℃的低温；春兰、莲瓣兰、春剑抗寒力介于建兰与蕙兰之间。

防治方法

冻害的预防是加强兰圃的保温设施建设。江南以及北方地区，入冬前兰花须及时搬到室内越冬；福建及福建以南地区，冬季兰花一般可不入室（高海拔山区除外），但也要注意收听收看天气预报，在低温和寒流来临前及时闭园保温或覆膜保温，甚至采取加温措施。

（三）药害

症状

药害症状因药物种类和施用方法而异。常见的药害症状有斑点、坏死、畸形，以及生长停滞等。过度喷施农药或农药沉积导致的药害，表现为叶片上出现褪绿和黄化斑块和斑点（药斑），叶尖、叶缘及新芽焦枯，花苞坏死，叶鞘出现枯斑。植物生长调节剂（激素）药害表现为生长异常。例如多效唑使用不当，表现为兰株矮壮，根少、粗大且烂尖，新芽和小苗细弱黄瘦；乙烯使用不当，导致花朵凋萎。药物慢性中毒表现为植株发育不良、

药害症状（药液残留斑）

药害症状（中毒斑）

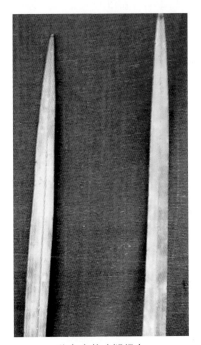

药害症状（褪绿）

药害症状（叶尖焦枯）

药害症状（新叶坏死）　　药害症状（苞衣焦枯）　　　　药害症状（叶鞘坏死）

叶片无光泽，开花推迟，花少色淡。

　　药害症状出现时间是在施用相关的农药之后，因此对药害的诊断要结合用药时间、施药方法、农药特性等进行综合分析。有必要时送检测部门进行农药残留检测。

　　病因

　　化学农药或植物生长调节剂使用不当，对兰花生理代谢和组织形态构成毒害。

　　发生规律

激素药害症状（苗纤细、根粗短）

　　兰花发生药害与以下因素有关。

　　（1）盲目混用农药。盲目地将多种农药混用，导致中毒。

　　（2）农药施用次数过多。有些含有铜、锰、锌、铝等金属离子的农药，施用次数过多可能造成残留积累，产生药害。

（3）农药或植物生长调节剂使用浓度偏高。植物生长调节剂，如多效唑、乙烯、赤霉素、萘乙酸等，使用浓度过高，极易造成兰花生长抑制和畸形。

（4）农药施用时间不当。在高温时施用农药，常导致烧焦叶片或叶缘或叶尖，根系生长障碍。

（5）使用对兰花敏感的农药。

防治方法

（1）严格用药。按照农药说明书的要求施用农药，不任意加大用药浓度或剂量。

（2）对症用药。根据病虫害种类和发生季节选用合适的农药，不能随意混用农药。

（3）安全施药。避开高温高湿时期施药，用药时间以傍晚为宜。

（4）及时救护。发生药害时及早抢救。如农药浓度过高或用药方法不当，应及时喷洒清水，清洗植株上的农药。如过量使用激素类农药或肥料，要及时换盆，清除旧植料，换上新植料；换盆时将兰根洗干净，晾干，尽量清除根中残留药物。

七、兰花吸汁类害虫

在兰花上吸吮叶、花汁液的害虫有两类：一是昆虫类，如介壳虫、蓟马、蚜虫等，以介壳虫和蓟马为害最重；二是螨类，以叶螨为主。介壳虫和蚜虫刺吸叶片汁液后，在叶片上形成褪绿斑、黄斑和麻点状疤痕；能传播病毒病，引起煤烟病；在受害的叶片上残留虫体分泌物和虫尸、蜕皮等。蓟马可为害叶片、花梗和花朵，以花朵受害重；刺吸后引起花瓣和花梗表皮破裂和伤口，花朵和枝叶扭曲畸形。螨类多数为害叶背，吸食叶汁后在叶面上形成麻点状褪绿斑、黄斑或灰白色斑点，发生螨害的叶片常有壳、皮和丝状物。兰花上吸汁类害虫都是群居为害的小型昆虫和螨类，繁殖速度快，生活史短，常有世代重叠现象。为害初期难以引起人们的注意，暴发为害后极难控制。

（一）介壳虫

为害状

若虫和雌成虫寄生于叶片正反面和叶鞘内外，尤以叶基部为多。虫体利用刺吸式口器吸吮叶汁养分，叶片出现褪绿或黄色斑点。严重发生时虫体密布于叶片，附着于兰叶的叶脉和叶面上，即使介壳虫死亡或被杀死后，其介壳仍然不脱落。受害叶片渐呈黄色，生长势衰弱直到枯死。介壳虫为害叶基部会诱导真菌侵染，引起黑腐症状。介壳虫能传播病毒病，导致煤烟病发生。

黄片盾蚧在叶片上为害状

在叶片上的黄片盾蚧

黄片盾蚧虫体周围叶色褪绿

黄片盾蚧褪绿斑（叶背）

介壳虫为害状（叶片褪绿斑）

柑橘并盾蚧在叶片上为害状

柑橘并盾蚧在叶片基部为害状

柑橘并盾蚧、牡蛎蚧并发为害状

牡蛎蚧在叶片基部为害状

虫源

为害兰花的介壳虫主要有黄片盾蚧、牡蛎蚧、柑橘并盾蚧、中华圆盾蚧。

（1）黄片盾蚧（*Parlatoria proteus*）。雌介壳直径约 1.5 毫米，略呈卵形，黄褐色，近边缘白色。第一蜕皮椭圆形，有 1/3 伸出在第二蜕皮外，色较暗。第二蜕皮近圆形，黄色或褐色，在介壳的前方。雄介壳狭长，白色或淡褐色。蜕皮卵形，褐色或黑色，位于前端。雌成虫身体略呈

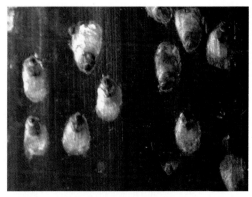

黄片盾蚧成虫

椭圆形或卵形，前端微狭，最宽处在腹节的第一节。臀板有 3 对臀叶，均很发达，大小与形状很相似。

（2）牡蛎蚧（*Lepidosaphes* sp.）。雌虫介壳长形，前窄后宽，呈牡蛎状，稍弯曲，长约 3.5 毫米，深褐色。蜕皮壳部分重叠，位于介壳前端。雄虫介壳狭长，约 1 毫米，色泽与质地同雌虫介壳，蜕皮壳位于前端。雌成虫体长，纺锤形，乳白色，半透明，臀板黄色。腹节侧缘常呈瓣状突出。臀叶 2 对。中臀叶大，第二臀叶分为两瓣。

叶片上的牡蛎蚧

牡蛎蚧雌虫和雄虫介壳

牡蛎蚧雌成虫

（3）柑橘并盾蚧（*Pinnaspis aspidistrae*）。雌虫介壳长约2.5毫米，前窄后宽，逗点形。若虫蜕皮壳2个，黄色或褐色，位于前端。雄虫介壳白色，长约1毫米，蜡质状，狭长，两侧平行，背面有3条脊线，蜕皮壳位于前端。雌成虫体略呈纺锤形，淡黄色，臀板黄色。后胸及臀前腹节侧缘明显突出，呈瓣状。有3对发达的臀叶，中臀叶基部轭连，第二臀叶分为两瓣，第三臀叶短。

柑橘并盾蚧成虫　　　　　　　　　柑橘并盾蚧雌成虫和卵

（4）中华圆盾蚧（*Aspidiotus chinensis*）。雌虫介壳薄，近圆形，直径约2.5毫米。若虫蜕皮壳2个，位于介壳中央。雄虫介壳椭圆形，长约1.3毫米，色泽与质地同雌虫介壳。雌成虫体卵圆形，黄色，腹部各节向臀板变尖。臀叶3对，均不分裂。

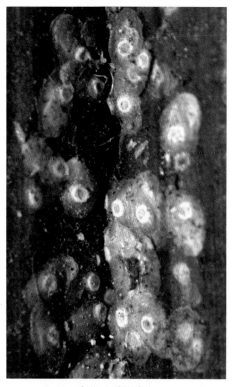
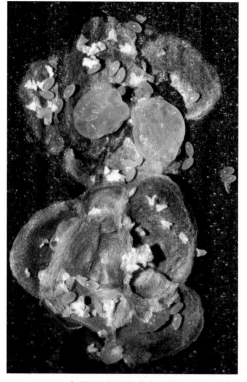

中华圆盾蚧成虫 中华圆盾蚧雌成虫和卵

发生规律

　　介壳虫繁殖速度快，繁殖量大。牡蛎蚧一年发生 1~2 代，以卵在母体介壳内越冬，次年 4~5 月开始孵化。雌成虫产卵期长。黄片盾蚧一年发生 2~3 代，以卵或雌成虫越冬。柑橘并盾蚧一年 2 代，以受精雌成虫越冬，次年春季产卵，第一代成虫于 7~8 月发生，第二代于 10 月间出现。

　　兰花栽植过密，高温多湿、通风透光差，介壳虫发生为害严重。介壳虫的雄成虫虽然有翅和足，但其飞翔和爬行能力很弱。因此，介壳虫的扩散和传播主要靠外力，常见的传播方式有自然传播和人为传播。自然传播主要有气流传播、水流传播和动物传带；人为传播是介壳虫的主要传播方式，各种技术操作可以造成介壳虫在植株间、兰盆间传播蔓延。兰花的交易为介壳虫远距离传播提供了有利条件。

防治方法

（1）检疫预防。购买或引进兰花种苗时要认真检查是否带介壳虫，不购买带虫苗。采用分株繁殖兰苗时要从无介壳虫的兰圃或无介壳虫兰盆中选择健康种苗。

（2）隔离防虫。介壳虫有许多寄主植物，兰圃周围的植物可能成为害虫繁衍和生活的宿主，因此兰圃周围不种易感介壳虫的作物，同时要做好兰圃防虫隔离措施，搞好兰圃内外的清洁卫生，清除兰圃周围杂草，预防害虫向兰圃迁移。

（3）人工防治。加强日常检查，个别兰株或叶片发生介壳虫时立即处理。家养少量兰花时，可用软刷或棉花球蘸上肥皂水、食醋或75%酒精，将黏附于叶片上的虫体及其介壳、虫体残余物和黑霉等擦拭干净，然后用清水轻轻冲洗叶片。剪除受害较重的叶片，并带出兰圃外集中烧毁。

（4）药剂防治。初孵若虫介壳尚未形成，活动范围大，此时是防治介壳虫的关键时期。选用25%噻虫嗪水分散粒剂2000~3000倍液或40%杀扑磷乳油600~1000倍液喷雾。施药宜在傍晚进行，施药时要均匀喷施叶面、叶背和叶片基部。

（二）蓟马

为害状

为害花、茎、叶，花受害较严重。成虫、若虫多群集在花瓣内锉吸汁液，花瓣被害后皱缩或扭曲畸形，甚至花朵干枯。发生严重时，一朵花中常有几十只蓟马。为害花和花梗造成褪色和伤口、伤痕，为害叶片导致叶面褪色和在被害处产生白色至褐色伤痕。伤口的汁液和花朵蜜汁还会诱引蚂蚁。

兰花蓟马为害状（花朵畸形）

兰花蓟马为害状（花苞干枯）（刘振龙供图）

兰花蓟马为害状（花瓣干枯）（刘振龙供图）

兰花蓟马锉吸花瓣和花梗汁液形成伤痕

兰花蓟马为害花朵后诱引蚂蚁　　　　　　　叶片上的兰花蓟马锉吸疤痕

虫源

为害兰花的蓟马多见兰花蓟马（*Dichromothrips corbetti*）。成虫体型细长，黑褐色，体长1.5~2毫米。触角褐色，8节，第1、2节与头部颜色相同，第3节基部褐色、端部淡色，第4~8节褐色，第3和第4节最长、呈瓶状。单眼间鬃位于单眼三角连线上。足褐色，跗节、前足胫节和中后足胫节末端黄色。前胸背板后缘鬃5对。前翅褐色、近基部处颜色较淡，前翅上脉基鬃3＋1根，端鬃2根，下脉鬃14~15根。腹部5~8节背板两侧不具栉齿列，第8腹节后缘栉完整。产卵器锯状腹向弯曲。雄虫褐色，第3、4腹节及各胫节、跗节黄色。若虫体型细长，橘红色。

发生规律

蓟马一年四季均可发生，建兰开花季节气温较高，虫量大，故建兰受害最重。生活周期短，一年发生多代，世代重叠。蓟马喜欢较温暖和干旱的气候，其适温为23~28℃，适宜空气相对湿度40%~70%。蓟马远距离扩散主要靠人为传播，例如种苗调运，兰圃和温室扩散靠蓟马自身的运动进行主动传播，技术操作也可以造成蓟马在植株间、花盆间传播蔓延。

兰花蓟马形态特征

①成虫；②若虫；③前翅；④后翅；⑤头部；⑥腹末端及产卵器

防治方法

（1）消灭虫源。清除兰圃内的杂草，保持兰圃清洁卫生。蓟马虫体小，主动传播能力弱，远距离传播主要靠兰苗引进。购买或引进兰花种苗时不购买带蓟马苗，防止传播扩散。分株繁殖时要从无蓟马兰圃和无蓟马兰盆中选择健康种苗。

（2）人工防治。加强日常检查，如发现有个别兰株、叶片或花朵发生蓟马，要及时剪除并带出兰圃外集中烧毁。

（3）药剂防治。在蓟马初发期和若虫期选用25%噻虫嗪水分散粒剂2000~3000倍液、15%唑虫酰胺乳油1000~1200倍液或10%吡虫啉乳油4000~5000倍液喷雾。蓟马常发生为害的老兰圃或蓟马多发的建兰在花苞形成之前，选用上述农药喷洒保护。

（三）蚜虫

为害状

兰花蚜虫常群集于叶片、嫩茎、花蕾、顶芽等部位，吸食嫩叶、芽、花苞的汁液，导致植株生长受抑，花叶变形、扭曲。分泌的蜜汁会吸引蚂蚁，引发煤烟病，传播病毒病。

虫源

兰花上的蚜虫有桃蚜和棉蚜两种。

（1）桃蚜（*Myzus persicae*）。成虫浅黄绿色，背有3条深色线纹。无翅孤雌蚜体长约2.6毫米，宽1.1毫米，体色黄绿色。有翅孤雌蚜体长2毫米。腹部有黑褐色斑纹，翅无色透明，翅痣灰黄或青黄色。有翅雄蚜

桃蚜有翅蚜（淡淡供图）

桃蚜无翅蚜（淡淡供图）

体长 1.3~1.9 毫米，体色深绿、灰黄、暗红或红褐。头胸部黑色。

（2）棉蚜（*Aphis gossypii*）。无翅胎生雌蚜体长不到 2 毫米，虫体呈黄、青、绿等颜色。触角长约为身体一半。复眼暗红色。腹管黑青色，较短。尾片青色。有翅胎生蚜体长不到 2 毫米，体黄色、浅绿或深绿。

发生规律

寄主范围广，能在许多植物上寄生为害。繁殖力强，后代种群量大，通常营全周期生活，在南方和温室作物上全年都可以繁殖，无滞育现象。繁殖方式和虫态多样化，繁殖方式有胎生、卵生和卵胎生，成虫形态有无翅蚜和有翅蚜。有翅蚜迁飞能力强，可以在多种寄主作物上迁移侨居为害。

防治方法

（1）人工防治。个别兰株或叶片发生蚜虫时，可用软刷或棉花球蘸上肥皂水将害虫轻轻刷除，同时可以将黏附于叶片上的虫体残余物和黑霉等擦拭干净。剪除受害较重的叶片，带出兰圃外集中烧毁。

（2）药剂防治。蚜虫发生量较大时，选用 25% 噻虫嗪水分散粒剂 2000~3000 倍液或 40% 杀扑磷乳油 600~1000 倍液喷雾。

（四）螨类

为害状

为害兰花的螨类有叶螨和瘿螨两种，引起的症状不完全一样。

叶螨一般聚集在叶片两面，以刺吸式口器吸食兰株汁液，破坏叶片细胞和叶绿素，造成叶面密布白色麻点状斑痕，之后转为黄褐色和铁锈色。受害严重的叶片会产生坏死斑块，叶片失绿变成黯淡的灰白色，无光泽。

瘿螨以成螨、若螨吸食兰株叶片汁液。受害叶片产生污斑，有的叶片的害斑一面凹陷，另一面凸起，叶面凹凸不平，失去光泽。严重受害的叶片出现增生、增厚现象，产生黄褐色、红褐色至深褐色的疱状突起。

虫源

（1）朱砂叶螨（*Tetranychus cinnabarinus*）。又称红蜘蛛。体型小，体长不到1毫米，若螨体长可在0.2毫米以下。成螨体形为圆形或长圆形，多半为红色或暗红色。若螨形态和成螨相似，黄褐色。卵为圆球形，橙色至黄白色。

叶螨若螨（淡淡供图）

叶螨成螨

（2）瘿螨。成螨虫体前端宽大，后端尖削呈胡萝卜形，初期淡黄色，后变橙黄色。卵圆形、极小，初产时白色、半透明，后变为乳白色。若螨与成螨相似，初孵化时乳白色，蜕皮后呈淡黄色。

瘿螨为害造成污叶

瘿螨为害造成瘿突和瘿瘤

发生规律

气温高于24℃以上，螨进入快速繁殖期，故夏季兰花最容易受到螨的侵害。螨能借风、花苗、昆虫、技术操作等传播蔓延。

防治方法

（1）人工防治。加强日常检查，发现个别兰株有螨时立即处理。家养少量兰花时，可用软刷或棉花球蘸上肥皂水将螨轻轻刷除，将黏附于叶片上的虫体残余物和黑霉等擦拭干净，然后用清水轻轻冲洗叶片。剪除受害较重的叶片，带出兰圃外集中烧毁。

（2）药剂防治。在若螨期用20%哒螨灵可湿性粉剂或20%哒螨灵乳油1500~2500倍液喷雾，施药时间宜在傍晚进行，喷时让雾滴均匀喷施于叶面和叶背。

八、兰花食叶类害虫

食叶类害虫较大型，其虫体和为害状清晰可辨，为害兰花时较容易被发现。这类害虫食性杂，能为害多种植物，为兰花偶发性和少发性害虫。食叶类害虫可分为两大类：一是昆虫，如甲虫、蝗虫和螽斯、蝶类，多数以若虫或幼虫为害植物，用咀嚼式口器咬食兰花叶片、花朵、花梗，造成断叶、缺刻、破洞、残枝断茎、破瓣残花；二是软体动物，有蛞蝓和蜗牛，以齿舌舔咬刮食叶片、花梗、花瓣，产生缺刻和孔洞。

（一）叶甲

为害状

成虫和幼虫均可为害兰花，咬食花枝和花瓣，造成断枝残茎，花瓣断裂、花朵残缺。

黄叶甲为害状（幼虫）（默然供图）　　　黄叶甲为害状（裸蛹）（默然供图）

虫源

为害兰花的叶甲多见黄叶甲（*Mimastra cyanura*）。成虫体长 8~12 厘米，虫体黄色，长椭圆形，头顶黄色、后缘具淡黄色"山"字形斑纹。触角 11 节，丝状，基部黄色，上端黄褐色至深褐色。前胸背板长方形，有 4 团黄褐色斑，后方正中呈三角形浅陷。鞘翅金黄色，其上布满刻点，后翅浅黄色膜质。足基节短粗，跗节 2 节扁平。木龄幼虫体长 10 厘米，圆筒形，土黄色，尾端肥大弯曲，头部黑色，胸部、腹部土黄色，胸腹各节有 7~8 对深褐色疣状凸起和 3 对黑色胸足。裸蛹长 8 毫米，鲜黄色，翅芽达 4 腹节，背面黑褐色。

黄叶甲成虫（默然供图）

发生规律

黄叶甲是兰花的机会性害虫，极少发生大面积为害。兰花上的黄叶甲是从兰圃周边的果树、林木等迁入危害兰花。

防治方法

（1）人工捕杀。在兰圃内仅为零星少量发生，可以采用人工捕杀。

（2）隔离预防。搞好兰圃防虫的隔离设施，防止害虫迁入为害。

（二）蝗虫类

为害状

成虫和若虫都可为害兰花，以咀嚼式口器咬食叶片，将叶片吃得残缺不全，严重时叶片被吃光。

蝗虫为害状

虫源

为害兰花的蝗虫类害虫有中华稻蝗、短额负蝗、螽斯。

（1）中华稻蝗（*Oxya chinensis*）。成虫虫体绿色或黄绿色，眼后至前胸背板两侧有黑褐色纵条纹。后足股节、胫节与体同色。复眼间头顶的宽度大于颜面隆起在中单眼处的宽度。触角不到达或超过前胸背板的后缘。前翅超过后足股节顶端甚远。若虫5~6龄，少数7龄。

（2）短额负蝗（*Atractomorpha sinensis*）。又称尖头蚱蜢、中华负蝗。雄虫19~23毫米，雌虫28~35毫米。虫体绿色或枯草色，后翅基部玫瑰色。前胸背板后缘钝圆形，侧片后缘具膜区，后下角呈锐角形、后突。前翅超出后足股节的长度为翅长的1/3，翅顶端较尖。后翅略短于前翅。雄虫在

中华稻蝗若虫　　　　　　　短额负蝗若虫　　　　　　短额负蝗成虫（陆明祥供图）

雌虫背上交尾后数日不离开，雌虫背负着雄虫爬行，故称之为"负蝗"。若虫共5龄。

（3）螽斯（*longhorned grasshoppers*）。体长约40毫米，虫体多为草绿色，也有灰色或深灰色。覆翅膜质，较脆弱，前缘向下方倾斜，左翅覆

螽斯成虫（淡淡供图）

于右翅之上。后翅稍长于前翅，也有短翅或无翅种类。雄虫前翅具发音器，前足胫节基部具一对听器。

发生规律

蝗虫类害虫是兰花的机会性害虫和杂食性昆虫，为害许多作物和杂草，偶尔从兰圃外杂草上迁居于兰花上为害。

防治措施

（1）人工捕杀。蝗虫类害虫在兰圃内仅为零星少量发生，可以采用人工捕杀。

（2）隔离预防。搞好兰圃防虫的隔离设施，防止害虫迁入为害。

（三）蜗牛

为害状

蜗牛行动迟缓，借足部肌肉伸缩爬行并分泌黏液，爬过处会留下发亮的轨迹。利用齿舌刮食兰花的花朵、叶片、叶鞘，造成缺口或孔洞。

虫源

为害兰花的蜗牛多见灰巴蜗牛（*Bradybaena ravida*）。螺体呈扁球形，壳质稍厚、坚固，壳面黄褐色或琥珀色，并具有细致而稠密的生长线和螺纹。螺壳高约19毫米、宽约21毫米，有5.5~6个螺层，顶部几个螺层增长缓慢。壳顶尖。螺壳中部有1条褐色带。身体前端头上有2对触角，眼睛长在后触角顶端。

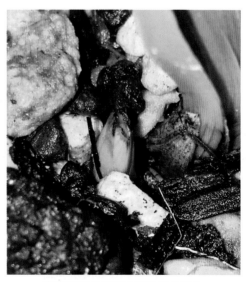

灰巴蜗牛为害状（王永锋供图）

兰株上的灰巴蜗牛　　　　　　　　　　　　　灰巴蜗牛

发生规律

灰巴蜗牛为常见陆生害螺，喜潮湿的环境，兰圃内或兰圃周围有水沟、水池，土壤潮湿易诱引蜗牛为害。

防治方法

（1）人工捕杀。蜗牛在兰圃内仅为零星少量发生，栽培兰花不多时可以采用人工捕杀。

（2）隔离预防。搞好兰圃防虫的隔离设施，防止害虫迁入为害。

（3）药剂防治。用生石灰粉撒施地面和花盆周围，或每盆植料表面均匀撒施 6% 四聚乙醛颗粒剂 3~5 克，或喷雾 70% 杀螺胺乙醇胺盐可湿性粉剂 300 倍液。

（四） 蛞蝓

为害状

蛞蝓以齿舌刺刮叶片、花梗、花朵，造成伤口、伤痕、缺刻、孔洞。

大规模发生时可将叶片吃光，仅剩叶脉。

虫源

为害兰花的蛞蝓多见野蛞蝓（*Deroceras agreste*）。成虫虫体大小为（30~60）毫米×（4~6）毫米，长梭形，柔软、光滑而无外壳；体色呈暗黑色、暗灰色、黄白色或灰红色。触角2对，暗黑色，下边1对短，约1毫米；上边1对长，约4毫米；端部具眼。口腔内有角质齿舌。体背前端具外套膜，为体长的1/3，边缘卷起，其内有

蛞蝓为害状

退化的贝壳，上有明显的同心圆线。呼吸孔在体右侧前方，其上有细小的色线环绕。黏液无色。生殖孔在右触角后方约2毫米处。

发生规律

野蛞蝓为常见陆生软体动物，喜栖息于阴暗潮湿的环境；兰圃内或兰圃周围有水沟、水池，环境潮湿，易诱引蛞蝓上盆为害。

防治方法

（1）人工捕杀。蛞蝓在兰圃内仅为零星少量发生，栽培兰花不多时可以采

兰盆上的蛞蝓（陆明祥供图）

用人工捕杀。

（2）隔离预防。搞好兰圃防虫的隔离设施，防止害虫迁入为害。

（3）药剂防治。用生石灰粉撒施地面和花盆周围，或每盆植料表面均匀撒施 6% 四聚乙醛颗粒剂 3~5 克，或喷雾 70% 杀螺胺乙醇胺盐可湿性粉剂 300 倍液。